Marino Felicioni

Come fare un buon vino

La vinificazione dalla vigna al bicchiere

edagricole

2ª ristampa: luglio 2003
3ª ristampa: dicembre 2004
4ª ristampa: febbraio 2007
5ª ristampa: luglio 2010
6ª ristampa: dicembre 2017
7ª ristampa: ottobre 2018
8ª ristampa: luglio 2020
9ª ristampa: luglio 2021
10ª ristampa: aprile 2023
11ª ristampa: febbraio 2025

new Business Media
gruppo **tecniche nuove**

via Eritrea, 21 - 20157 Milano
Redazione: p.zza G. Galilei, 6 - 40123 Bologna
Vendite: tel. 051/6575833
e-mail: libri.edagricole@newbusinessmedia.it
http://www.edagricole.it

4785

Realizzazione grafica: Emmegi Group, via F. Confalonieri, 36 - 20124 Milano
Impianti e stampa: Kosmoprint Srl, via G. Pastore, 16 - 47922 Rimini (RN)
Finito di stampare nel febbraio 2025

ISBN-978-88-506-0042-7

Indice

1. La vite ed il vino nei tempi

1.1. La storia

Le origini della vite e del vino risalgono a tempi lontani e secondo studi effettuati di recente da ricercatori dall'Università della Pennsylvania, le modalità di fabbricazione del vino erano conosciute dall'uomo fin da 5000 anni prima di Cristo: tempi in cui il vino veniva ritenuto un prodotto con proprietà medicinali.
In molti scritti antichi, dalla Bibbia ai testi sacri delle civiltà asiatiche, sono riportati brani indicanti il vino tra le bevande dei popoli. Sembra addirittura che lo stesso Noè, conoscendo il vino, pensò bene di salvare anche la vite nella sua Arca.
Per alcuni, la vite nel corso del 300 a.C., dall'India si diffuse prima in Asia e successivamente a partire dalla Sicilia nel Mediterraneo.
I resti riportati alla luce nell'antica Persia (attuale Iran) dimostrano che a quei tempi, l'uomo beveva vino e si cibava di olive e pane.
Si ritiene che la stessa fascia tra il Tigri e l'Eufrate ospitò la vite e diede corso alla produzione di vino. La vite e la vinificazione si diffusero anche tra Arabi ed Ebrei; i Greci veneravano Dionisio come la divinità del vino.
La descrizione di alcuni vini è riportata nei geroglifici d'Egitto del 2500 a.C. e furono ritrovate alcune anfore contenenti vino nel corredo funebre del re Tutankhamon (1339 a.C.).
Di botti da usare durante il trasporto ne parlano i classici Virgilio e Plinio indicando anche le proprietà del legno come isolante rispetto al freddo. Nell'Ecclesiaste (cap. 31, v. 39) è riportato *Sanitas est animae et corpori sobrius potus* (il bere temperato è salute dell'anima e del corpo). Pindaro, poeta greco (438 a.C.), diceva «Il vino eleva l'animo ed il pen-

siero, e le inquietudini si allontanano dal cuore dell'uomo» mentre nelle Sacre Scritture è riportato che *Bonum vinum laetificat cor hominum* (il buon vino allieta lo spirito degli uomini).
In Italia la vite dalla Sicilia si propagò nei territori occupati dai Sabini e dagli Etruschi che, a loro volta, furono gli artefici della diffusione su buona parte della Penisola, dalla Campania alla Pianura Padana. Dagli scritti sappiamo come era comune la presenza del vino sulle tavole degli Etruschi e Romani. In diverse regioni italiane, sono state ritrovate antiche anfore di argilla che dopo la colonizzazione romana venivano usate come contenitori dei vini. Se di botti in legno non si parla nella storia greca il trasporto di vino in otri e botti era comune già nel periodo gallico.
I Romani , dopo la conquista della Grecia, contribuiscono notevolmente alla diffusione nel mondo allora conosciuto della vite e dell'enologia; Bacco viene annoverato tra gli dei. Si sa che i Romani amavano il vino per le sue proprietà salutistiche e Cesare ne faceva uso per salvaguardare la salute dei suoi soldati. Erano pure note le *"feste Vinali"* o *Vinalia* dei romani. Il vino aveva sempre un ruolo importante nei riti orgiastici che culminavano con l'unione del fedele al suo Dio.
La viticoltura e l'enologia subiscono un declino il cui inizio coincide con le invasioni barbariche e la progressiva decadenza dell'Impero.
Il Cristianesimo condanna inizialmente il vino in quanto portatore di ebbrezza ed altrettanto accade con la diffusione dell'Islamismo nel bacino mediterraneo (circa 1000 d.C.). L'opera dei monaci e degli ebrei (anche clandestina), sembra utile in questo periodo per la custodia di un vasto patrimonio viticolo ed enologico. Tuttavia, fortunatamente per il Cristianesimo il vino riassumerà un ruolo importante come simbolo eucaristico durante la Messa.
La fama e l'esportazione dei vini riprenderà piede in Italia solo nella seconda metà dell'800 ad opera di Ricasoli (Chianti) e Woodhouse (Marsala).
In Francia, ove la vite fu portata da Fenici e Romani, nel 1668 si riesce ad ottenere dopo diversi tentativi, il vino bianco e dal diciassettesimo secolo, si inizia a produrre vini frizzanti in modo naturale, ma la Francia esporta vini fin dal sedicesimo secolo.
L'opera del Rinascimento è sicuramente favorevole per il riaffermarsi della cultura del vino, delle tradizioni e successiva nascita di attività artigianali volte alla produzione di tappi di sughero, botti, bottiglie, ecc..
Nel 1851 si perfeziona l'opera di spumantizzazione dei vini. Nel 1864

Pasteur dimostrò che i microrganismi della fermentazione sono presenti in natura e nel 1886 definisce «Le vin est la plus saine et la plus hygienique des boissons» (il vino è la più salutare ed igienica di tutte le bevande).
In Italia, nel 1880, data storica per la viticoltura, gli attacchi di fillossera finirono per decimare i vigneti.
Sono innumerevoli gli scritti sulla vite e sul vino; molti versi sono dedicati ad essi dagli stessi Carducci e Pascoli.

1.2. La coltura della vite

La coltivazione della vite è di origine molto antica. Denominata *Vitis vinifera*, è originaria della zona del Mar Caspio ed Asia Minore ove ancora oggi si trova allo stato spontaneo; i primi a coltivarla furono i Persiani che esordirono inoltre con il primo vino della Storia nota (Shiraz). I colonizzatori greci portarono la vite in Sicilia (2000 a.C.) e da qui, dopo un millennio anche ad opera degli Etruschi, la vite ampliò la sua area di diffusione verso il centro ed il nord dell'Italia. Fu merito dei Romani, la successiva diffusione della vite verso il centro Europa e una certa innovazione nel campo enologico.
Negli ultimi anni la coltivazione della vite si è ampliata in diverse parti del mondo come: California, Cile, Argentina, Sud Africa, Cina, Australia. Complessivamente la superficie destinata a vigneto tende a ridursi nelle regioni tradizionalmente viticole, mentre si assiste ad una diffusione di razionali impianti in aree di recente acquisizione.
La vite è un arbusto a ciclo annuale con portamento rampicante i cui rami, detti tralci, sono provvisti di nodi ed internodi; l'infiorescenza è una pannocchia ed il frutto una bacca con esocarpo membranoso che racchiude un mesocarpo succoso in cui sono presenti i semi detti vinaccioli.
La pianta vive bene in climi miti con temperature comprese tra 30 e -5 °C ma, dal momento della germogliazione (almeno 10 °C), preferisce temperature medie di 18-20 °C. Sono nocive le forti nebbie e la grandine, specie in fase di maturazione, quando si rischia l'insorgere di dannose malattie. La vite preferisce i terreni tendenzialmente sciolti e con sufficiente riserva idrica, non troppo ricchi di componenti organico-minerali e di dotazione calcarea.
Si riproduce frequentemente per talea per lo più innestata su piede americano per sfuggire ai danni della fillossera.

La varietà *Vitis vinifera* viene coltivata per la produzione di uve da tavola e da vino, di cui ricordiamo i vitigni più diffusi:

- **Da tavola**

- **Bianche** - Chasselas, Regina, Zibibbo, Pizzutello, Sultanina, Italia.
- **Nere** - Cardinal, Moscato

- **Da vino**

- **Bianche** - Chardonnay, Cortese, Fiano, Greco, Albana, Trebbiano, Verdicchio, Pinot, Malvasia, Tokai, Moscato, Riesling, Garganega, Sauvignon, Traminer, Verduzzo, Verdicchio, Vernaccia, Prosecco, Bianchello, Picolit, Zibibbo.
- **Rosse** - Nebbiolo, Merlot, Sangiovese, Sangiovese Grosso, Barbera, Montepulciano, Lambrusco, Aleatico, Grignolino, Brachetto, Cirò, Cannonau, Primitivo, Picolit, Aglianico, Bonarda, Cabernet, Dolcetto, Refosco, Marzemino Gentile.

Per procedere all'impianto di un vigneto (nuovo, autorizzato o di reimpianto), si procede inizialmente ad una sistemazione del terreno con livellamento e successivo scasso, cui seguono le lavorazioni complementari con le quali si incorpora la concimazione di fondo. Una particolare attenzione va rivolta alla scelta della varietà ed ai cloni di essa in rapporto all'ambiente, alle denominazioni ed autorizzazioni consentite in una data regione viticola.
Sarà importante scegliere l'investimento di piante ad ettaro (2000-5000 ceppi), anche in rapporto al sistema di allevamento a vite bassa, media od alta (Alberello, GDC, Guyot doppio, Cortina, Cordone, ecc). Occorrerà fornire il vigneto di palificazioni di testata ed intermedia, tendifili, con squadratura del campo precedentemente effettuata.
Durante il periodo vegetativo, la pianta ha bisogno di interventi diversi. Alcune pratiche sono definite genericamente di potatura; quella verde comprende tutte le operazioni di sfemminellatura,

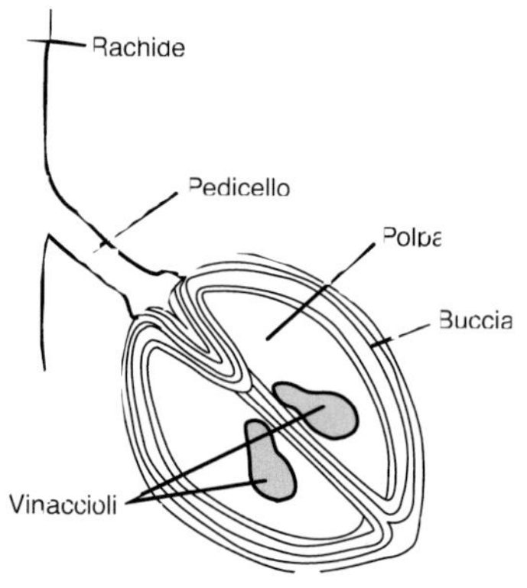

Fig. 1.1 - L'acino e le sue parti.

a) b)

Fig. 1.2 - Esempi di uve di tavola. In a) Italia (sinistra) e Perlon (destra). In b) Red Globe (foto Colapietra).

a) b)

Fig. 1.3 - Esempi di uve da vino bianche. In a) Chardonnay e in b) Marzemino Gentile (foto Spagnolli).

a)

b)

Fig. 1.4 (a-b-c-d-e-f-g-h) - Fasi dell'impianto di un vigneto. a) Scasso; b) Picchettatura del sesto d'impianto (foto ITA, S. Michele all'Adige).

c) Barbatelle innestate.

d) La messa a dimora delle barbatelle.

e) Palificazione del vigneto.

f) Pianta giovane (particolare).

g) Spalliera con colonne portanti in cemento e tutori in legno.

h) Inerbimento dell'interfila.

spollonatura, cimatura e diradamento dei grappoli, mentre quella secca, da effettuare prima della ripresa vegetativa, consiste nella soppressione dei tralci vecchi o che hanno fruttificato, lasciandone alcuni su cui si punterà per la nuova produzione. Accanto ad alcune macchine per la potatura secca, si impiegano sempre più di frequente le cimatrici e le spollonatrici, provviste di coltelli e barre falcianti per la potatura verde. Oggi è frequente l'impiego delle sfogliatrici che operano un diradamento delle foglie in prossimità dei grappoli al momento della maturazione. Dopo una concimazione di fondo, fatta all'impianto per riequilibrare la composizione organico-minerale del terreno, annualmente si effettuano concimazioni che vanno dal sovesciare piante fresche (favino, ecc.) all'addizione di letame fino alla fornitura al suolo di elementi minerali (azoto, fosforo, potassio, boro, magnesio, ecc.) tenendo conto della natura del terreno, delle asportazioni nonché delle perdite per lisciviazione di elementi. La somministrazione può avvenire direttamente al terreno ma anche per via aerea spesso associata ai trattamenti antiparassitari.

a)

Fig. 1.5 (a-b-c-d-e) - Potatura verde e spollonatura meccanica e manuale. a) Potatura e legatura su pergola (foto ITA, S. Michele all'Adige).

b) Potatrice a dischi-rotanti in assetto operativo su vigneto a controspalliera (foto Archivio Crpv).

c) Potatrice polivalente a barre falcianti impostata per la cimatura estiva del GDC (foto Archivio Crpv).

d) Spollonatrice per GDC in grado di asportare i succhioni anche dalle «spalle» del fusto (foto Archivio Crpv).

e) Defogliatrice pneumatica in azione su un vigneto a controspalliera (foto Archivio Crpv).

Le lavorazioni che si effettuano in inverno negli strati più profondi del terreno, permettono un buon accumulo di acqua e l'interramento dei concimi; quelle che vengono effettuate nel periodo primaverile, nei casi di assenza di inerbimento, hanno lo scopo di controllare le erbe infestanti, la perdita di acqua, ma anche di migliorare la regimentazione delle acque (fresature, erpicature, ecc.).
Poiché diverse malattie colpiscono la pianta ed il frutto, durante il periodo vegetativo dalla primavera a fine estate, si deve attivare un'opportuna difesa della vite dai parassiti. I trattamenti iniziano al germogliamento fino a precedere la raccolta; vengono eseguiti in numero variabile in funzione delle condizioni climatiche (temperature, umidità, ecc.).
Le malattie sono per lo più causate da funghi (peronospora, oidio, botrytis, escoriosi, mal dell'esca, marciume nero ed acido), da insetti (tignola, cocciniglie, cicaline) e da acari (ragnetto rosso, erinosi), nematodi e virus.
Tra le diverse operazioni colturali, la più difficile da meccanizzare è senza dubbio la raccolta, anche perchè pochi impianti si adattano al sistema. Le macchine a scuotimento verticale abbisognano di GDC o Cortina, mentre quelle a scuotimento orizzontale, sicuramente più diffuse, operano con una vegetazione espansa, non raccolta nei cordoni, ed eventualmente con il guyot. Tuttavia, la meccanizzazione della raccolta va in-

Fig. 1.6 - Raccolta meccanizzata in un vigneto a controspalliera (foto Archivio Crpv).

a)

b)

c)

Fig. 1.7 - Modalità di allevamento della vite. In a) allevamento a cordone nella Champagne, ad alberello in Sicilia b) e a pergola in Trentino c) (foto Spagnolli).

centivata e programmata fin dalla fase di impianto almeno per la tempestività dell'intervento e l'economicità dell'operazione.
Dalla coltivazione della vite ed in rapporto alle richieste dei mercati, oggi si sviluppano la ricerca e la sperimentazione su problematiche diverse: dalla ricerca di cloni per il miglioramento della resistenza ai parassiti, all'ottimizzazione del trinomio clima-terreno-clone, alla valutazione enologica e qualitativa delle uve. La tendenza è anche quella di operare una valorizzazione dei vitigni autoctoni, spesso poco produttivi e vinificare le uve con tecniche tradizionali esaltandone la tipicità.
Lo studio del vigneto nella sua complessità di gestione viene condotto anche al fine di migliorare la qualità delle uve, ridurre i costi di produzione del prodotto e quindi dei vini, mirare alla gestione semplice del vigneto, meccanizzare ove possibile le operazioni, fare del vigneto una componente del paesaggio. Non ultima la tendenza alla valorizzazione delle zone viticole come risorsa del paesaggio agricolo e culturale, onde favorire lo sviluppo rurale ed implementare l'indice di salubrità delle produzioni.

1.3. Produzioni e consumi

Diamo uno sguardo alle produzioni ed ai consumi, anche al fine di comprendere la dislocazione della vite sul globo terrestre, le produzioni ed i consumi nei diversi territori. È, anzitutto, importante conoscere le aree di localizzazione della vite.
L'Italia produce per il 75% in coltura specializzata mentre in Europa, la superficie a vigneto è di circa 5 milioni di ha e nel mondo di 7,8.

Tab. 1.1

Le superfici vitate (riferite al 1998)	Migliaia di ettari	Le superfici vitate (riferite al 1998)	Migliaia di ettari
Spagna	1100	Romania	250
Francia	910	Argentina	210
Italia	850	Cile	135
U.S.A.	320	Grecia	130
Portogallo	260	Ungheria	130

Vediamo ora le produzioni di vino nel mondo riferite all'annata 2001.
La produzione mondiale del 2001 è di circa 260 milioni di ettolitri, l'Unione Europea ne produce quasi 165, Francia, Italia e Spagna insieme producono più della metà (55% circa) della quota mondiale. Nell'anno

Tab. 1.2 - La produzione di vino nel mondo (OIV, Ottobre 2001)

Produzioni di vino nel mondo	Milioni di ettolitri	Produzioni di vino nel mondo	Milioni di ettolitri
Francia	57,5	Germania	9,8
Italia	51,6	Australia	8,6
Spagna	41,1	Portogallo	6,12
U.S.A.	22,1	Lussemburgo	0,08
Argentina	12,5	Grecia	3,98
Sudafrica	6,95	Belgio	2,00
Portogallo	6,7	Austria	1,80
Romania	7,60		
Cile	6,67		

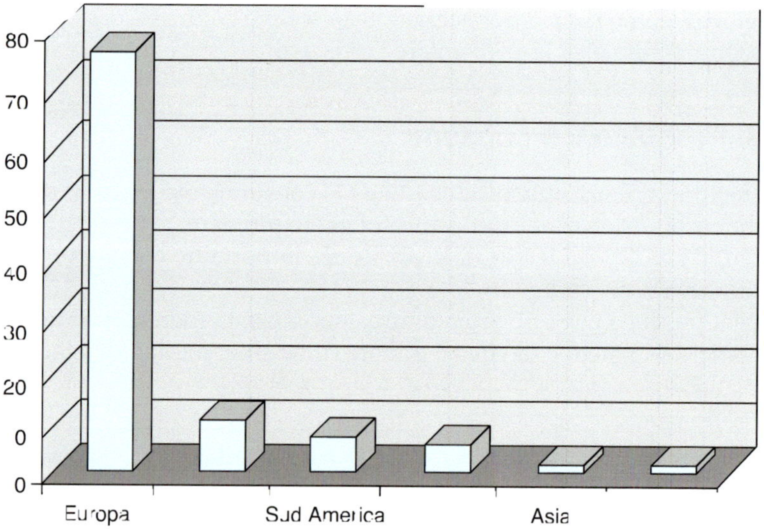

Grafico 1.1 - La produzione nei continenti.

1999, in Italia sono stati prodotti 93,6 milioni di quintali di uva che hanno fornito complessivamente una produzione di vino di circa 55,86 milioni di ettolitri (di cui 28,88 bianco e 26,98 di rosso e rosato). Rispetto al 1998, si è verificato un aumento di produzione valutato intorno al 3%; agli incrementi di produzione verificatisi in Veneto ed Emilia-Romagna, Lazio e Toscana si contrappongono minori produzioni ottenute soprat-

Tab. 1.3 - La panoramica enologica dell'Italia

Produzione italiana di vino e mosto	(Anno 2000 - in milioni di ettolitri)	Produzione italiana di vino e mosto	(Anno 2000 - milioni di ettolitri)
Veneto	8,82	Toscana	2,54
Puglia	7,80	Campania	2,00
Sicilia	7,10	Marche	1,61
E. Romagna	6,90	Lombardia	1,36
Abruzzo	3,70	Friuli V.G.	1,15
Lazio	3,73	Trentino A.A.	1,17
Piemonte	2,94	Sardegna	0,69
L'export di vino dell'Italia	**(Anno 1998 - in migliaia di ettolitri)**	**L'export di vino dell'Italia**	**(Anno 1998 - in migliaia di ettolitri)**
Europa	12.900	Asia	645
Nord America	1.731	Oceania	59
Centro e S. America	114		

tutto in Lombardia, Friuli-Venezia Giulia, Sicilia e Sardegna. Le uve da tavola hanno invece prodotto complessivamente 15 milioni di quintali. Dati confortanti provengono dal Novello che ha registrato un incremento produttivo di oltre l'8%. La produzione totale di circa 17,5 milioni di bottiglie proviene da un insieme di aziende produttrici complessivamente in aumento negli ultimi anni.

L'Italia esporta vino in diverse parti del mondo, in particolare si verifica una vendita elevata di vino ai Paesi europei ed in particolare verso i Paesi della CE. Riportiamo in tabella i dati dell'export italiano (tabella 1.3).

Vediamo ora i consumi nei diversi Paesi esposti in tabella 1.4.

Il consumo totale nel mondo è di circa 223 milioni di ettolitri di cui 163

Tab. 1.4 - Consumo medio per abitante

Paesi	Litri/persona/anno	Paesi	Litri/persona/anno
Francia	58,2	Svizzera	41,0
Italia	59,5	Spagna	35,5
Portogallo	58,5	Austria	32,0
Lussemburgo	50,5	Romania	31,5
Argentina	41,5	Germania	22,9

milioni in Europa. Quello totale in Francia è di 35 milioni di ettolitri mentre in Italia di ca. 34. Le superfici vitate negli ultimi anni risultano generalmente in calo nell'Europa occidentale mentre si registra una tendenza inversa in altri continenti; in Oceania per esempio in questi ultimi anni, si registra un incremento considerevole pari a circa il 30%.
I consumi fanno rilevare un certo calo in Europa occidentale mentre salgono nelle nazioni più settentrionali. Il vino, un tempo fortemente consumato nei Paesi produttori, ha allargato la sua sfera ai Paesi consumatori in altri continenti. Così, si assiste ad una lieve diminuzione del consumo in Francia ed in Italia in cui però è evidente un maggiore avvicinamento al vino da parte di persone che non erano tradizionali consumatrici e una tendenza ad acquisti orientata sempre più verso gli ipermercati. Da noi, la tendenza al calo iniziò già negli anni '80 ed è evidente ancora oggi, per contro un considerevole incremento del consumo di vino si rileva in USA ed Asia (Giappone in particolare). Mentre nei decenni passati si beveva soprattutto in casa o durante i pasti, oggi si consuma prevalentemente ai banchetti, tra amici, come aperitivo, con una domanda rivolta in prevalenza a prodotti di buona qualità. Si beve meno ma in modo più corretto, si desidera il controllo, si esige informazione e si beve con moderazione un prodotto di qualità. Oggi il miglior vino festeggia un momento magico, connotato dal territorio, spunta più alte quotazioni, viene prenotato in cantina prima della vendemmia, finisce spesso gustato da palati fini.
In Italia e nell'ultimo ventennio, è evidente una particolare tendenza al consumo dei prodotti alcolici: mentre quello dei superalcolici si è ridotto di circa un terzo, il consumo di birra è raddoppiato e quello del vino si è almeno dimezzato. Il tutto a vantaggio del consumo totale di alcool che si è quasi dimezzato (da 12,80 a 7,80 litri pro capite).
Non altrettanto avviene in altri Paesi (USA, Gran Bretagna e Germania) in cui i giovani sopra i 24 anni manifestano un elevato consumo di bevande alcoliche (sec. Datamonitor).

Tab. 1.5 - Consumo medio di bevande dei giovani oltre 24 anni

Paesi	Milioni di litri	Paesi	Milioni di litri
U.S.A.	3.626	Italia	490
Germania	1662	Olanda	173
Gran Bretagna	941	Belgio	118
Francia	726	Svezia	92
Spagna	553		

2. La pianta

La vite (*Vitis vinifera*), pianta di antichissime origini, è diffusa nelle aree temperate del globo, non sopporta temperature medie molto alte o molto basse (al di sotto di –15 °C). Si coltiva anche in Asia, Oceania, Africa, America Latina e USA; ma il primato della produzione è detenuto dall'Europa, continente nel quale sono concentrati i maggiori consumi di vino.

La vite è diffusa nei paesi di antica tradizione viticola con coltivazione regolamentata (specie nell'Europa comunitaria) e in Paesi viticoli nuovi

a) b)

Fig. 2.1 - In a) uva fragola e in b) Traminer (foto Spagnolli).

ove la coltura non soggiace a particolare regolamentazione e, in cui aumentano le superfici dedicate. Le varietà riscontrate sono per lo più quelle francesi cosmopolite come il Cabernet Franc, Cabernet Sauvignon, Merlot, Chardonnay, Syrah, ecc. accanto a limitate varietà locali, quando esistono.
Le condizioni colturali nel mondo sono le più svariate ma ritroviamo alcuni elementi comuni:

- l'irrigazione si estende a notevoli superfici coltivate;
- la vendemmia, specie nei nuovi impianti, è di tipo meccanizzato;
- per il controllo delle erbe spontanee spesso si ricorre al diserbo;
- più o meno ricca la fertilizzazione.

2.1. Il ciclo vegetativo

A primavera, la pianta si risveglia, riprende il suo stato vegetativo con l'apertura delle gemme, la fuoriuscita delle foglie e la fioritura. Segue una fase di fecondazione e formazione di frutti piccoli a composizione prevalentemente acidica. Intanto si verifica un buon accrescimento dell'apparato vegetativo e del grappolo (infruttescenza) cui segue in agosto, la fase di invaiatura (inizio colorazione degli acini) e successiva maturazione con incremento di zuccheri e riduzione consistente degli acidi. In tale fase, il vignaiolo coglierà il momento più opportuno della raccolta. Così, oltre a salvaguardare la sanità del prodotto, si cerca di individuare la giusta composizione delle uve (zuccheri, acidità, polifenoli, ecc.) utile per l'ottenimento di vini caratteristici.
Se non si procede alla raccolta, segue la surmaturazione dell'uva che comporta una perdita generale di acqua nel frutto e l'aumento della concentrazione degli zuccheri poiché prima dell'inverno, la pianta immagazzina alimenti per superare un lungo periodo di riposo invernale.
Le fasi fenologiche della vite riferite al Sangiovese del Centro Italia si possono così indicare:

- germogliamento (prima metà di aprile);
- fioritura (prima decade di giugno);
- allegagione (metà giugno);
- invaiatura (metà agosto);
- maturazione(prima decade di ottobre).

Il grappolo ha grandezza e forme diverse in relazione al vitigno, alle

a) Pianto del tralcio potato al risveglio primaverile.

b) Prefioritura.

c) Fioritura.

d) Invaiatura.

Fig. 2.2 (a-b-c-d-e) - Fasi fenologiche dell'uva (foto a ITA, S. Michele all'Adige e Spagnolli).

e) Uva matura (Chardonnay) (foto Spagnolli).

condizioni climatiche, pedologiche, ecc. Dalla spremitura del grappolo si produce succo in ragione del 60-80%.
Il raspo ed i vinaccioli non hanno un interesse diretto per la produzione del vino (ricchi di tannini, lignina, ecc.) mentre più interessante è la buccia che contiene cellulosa e sostanze tanniche ma è preziosa in particolare per il contenuto di sostanza colorante e in componenti aromatiche primarie. La polpa presenta un tessuto le cui cellule sono ricche di un succo detto mosto. Quest'ultimo, a maturazione, è un liquido zuccherino a composizione complessa che attraverso un processo fermentativo si trasforma in vino.

2.2. La maturazione

Dalla formazione del frutto fino alla maturazione, l'acino d'uva (bacca) diventa sede di una evoluzione progressiva dei costituenti in funzione di fattori diversi (precocità, clima, terreno, esposizione, pratiche colturali, stato sanitario, ecc.). Tale periodo va da circa un mese, per le varietà precoci, a due mesi per quelle più tardive.
Durante questo periodo si assiste ad un'evoluzione del frutto con:

- aumento del volume e del peso della bacca;
- acquisizione graduale del colore;
- incremento del tenore in zuccheri;
- diminuzione del contenuto in acidi;
- diminuzione percentuale dell'acqua;
- evoluzione della componente aromatica specifica.

L'uva è un frutto ricco di costituenti importantissimi ai fini alimentari per l'uomo e con lievi scostamenti dovuti soprattutto alla varietà ed all'andamento climatico, rispetta mediamente la composizione indicata in tabella 2.1.

Tab. 2.1 - Composizione dell'uva

Componente	g/kg	Componente	mg/kg
Acqua	810,0	Potassio	1900,00
Glucosio	72,0	Vit. C	42,00
Fruttosio	75,0	Vit. E	6,50
Sorbitolo	2,0	Ferro	5,00
Proteine	7,0	Nicotinammide	2,50
Grassi	3,0	Manganese	1,05
Fibra	15,0	Rame	0,80
Calorie	673,0	Vit. B6	0,40
Ceneri	2,5	Beta-carotene	0,30

Stabilire annualmente la data della vendemmia non è cosa semplice e non è esatto determinarla unicamente con il riferimento al tenore in zuccheri. È sempre utile quindi sottolineare che l'epoca giusta di maturazione e quindi di vendemmia:

- non coincide con il massimo di accumulo degli zuccheri;
- va stabilita in funzione del tipo di vino da ottenere;
- nei rossi coincide con l'ottimale presenza di tannini, acidi e sostanza colorante;
- per alcuni vitigni va anticipata al fine di non perdere gli aromi primari e di garantire sufficiente acidità e contenuto in zuccheri.

È opportuno sapere che la qualità del futuro vino è per gran parte condizionata dalla qualità delle uve di partenza. Inoltre, l'azione unitaria vitigno-ambiente pedoclimatico influenza in modo determinante i caratteri delle produzioni; in un certo ambiente, solo alcuni vitigni dimostrano un notevole adattamento e quindi estrinsecano tutte le loro potenzialità.
Veramente importante è la concentrazione acidica così come il sapere che tipo di vino desideriamo ottenere da quelle uve. In ultima analisi sarà importante stabilire il momento in cui il mosto proveniente da uve sane, presenta il giusto grado di acidità, sufficiente tenore in zuccheri ed acquisizione del desiderato corredo aromatico.

In generale si otterrà un contenuto di zuccheri ed acidità diversi in rapporto ad alcuni fattori:

- andamento climatico;
- natura del terreno e concimazione;
- vitigno e portainnesti;
- carica di gemme e grappoli per pianta;
- epoca di vendemmia;
- coltura irrigata od asciutta.

2.3. L'epoca di vendemmia

Per stabilire il momento più opportuno ci si avvale anche di **indici di maturazione** che tengano conto di zuccheri, acidi, pH e polifenoli.
Il primo che proponiamo si basa sulla determinazione del valore che si ottiene come rapporto tra gli zuccheri presenti nel mosto d'uva, espressi in percentuale ed in peso ed i grammi per litro di acidità in esso contenuti:

a) Ind. Maturazione = zuccheri (g/100g) / acidità (g/l)
b) Ind. Maturazione = glucosio / fruttosio

Il secondo è determinato come valore del rapporto tra due zuccheri semplici (in una prima fase prevale il glucosio, alla surmaturazione il fruttosio).

Tab. 2.2 - Evoluzione dell'indice Z/A in Italia centrale

Vitigno	24 ago	1 set	7 set	14 set	21 set	27 set	6 ott
Trebbiano	0,97	1,23	1,57	1,68	2,06	2,32	2,46
Verdicchio	=	0,82	1,08	1,26	1,69	1,95	2,91
Pinot G.	1,80	2,09	2,18	2,65	3,36	=	=
Riesling Italico	1,10	1,34	2,03	2,35	2,77	=	=
Tokai	1,06	1,69	2,19	2,79	2,87	3,12	=
Chardonnay	1,54	1,84	1,95	2,23	2,33	3,34	=

Sono d'aiuto le analisi delle uve in campo. In tal caso, si campionano circa 200 acini prelevati da grappoli scelti in diverse posizioni del vigneto. Questi vengono schiacciati e sul mosto fiore ottenuto, dopo filtrazione, si effettueranno le analisi di zuccheri, pH, acidità totale, polifenoli, potassio, ac. malico, ac. tartarico.
È di particolare interesse operare un'indagine analitica sul frutto per o-

a)

b)

Fig. 2.3 (a-b) - Raccolta manuale su filare a) e su pergola b) (foto a Remo Mosna e b ITA, S. Michele all'Adige).

perare un'indagine sulla maturazione fenolica, attraverso la determinazione di antociani e tannini (metodo Glories, 1990) e verificare il loro andamento in fase di maturazione.
A latitudini diverse ed in funzione del clima, la vendemmia può essere ritardata o anticipata specie se si desiderano ottenere prodotti particolari (spumanti, vini novelli, ecc.). Non mancano i casi in cui si raccoglie oltre l'epoca di maturazione attendendo la fase di surmaturazione, quando si assiste, tra l'altro, ad un fisiologico consumo di una parte degli acidi contenuti nella bacca, in altri casi si attende invece l'attacco di muffa nobile (*Botrytis cinerea*) al fine di ottenere vini con caratteri del tutto particolari. Sappiamo inoltre che a parità di ambiente pedoclimatico, la maturazione è diversa in rapporto ai vitigni: il Pinot e lo Chardonnay maturano prima di un Montepulciano. In genere la vendemmia avviene in periodi diversi da agosto a novembre.
La vendemmia, un tempo effettuata esclusivamente a mano, oggi tende a realizzarsi in forma meccanizzata in rapporto ai sistemi di allevamento, terreni, ecc.

- **I difetti**

- Modifiche alla struttura della bacca.
- Fuoriuscita del succo.
- Minori rendimenti in raccolta.
- Sistemi di allevamento inadatti.
- Declività dei terreni.
- Mescolanza di prodotto con foglie e tralci.

- **I pregi**

- Minori costi.
- Facilità di programmazione della raccolta.

È pensabile che in futuro, vista la necessità di ridurre i costi di produzione, la raccolta a mano sarà prerogativa dei vini di pregio.

3. La cantina

3.1. L'attrezzatura

Lo stabilimento enologico ha caratteristiche diverse in relazione alle quantità di uve trasformate, alla tipologia dei prodotti che vi si ottengono, alla commercializzazione propria o meno dei prodotti, ecc. La progettazione di una cantina deve comunque affrontare diverse problematiche:

a. approfondito studio dell'ambiente in cui la cantina deve sorgere (l'azienda, le potenzialità, il clima, la manodopera, il mercato, la viabilità, le disponibilità economiche, le condizioni di sicurezza, ecc.);
b. preliminari del progetto con inquadramento generale dei diversi problemi da affrontare;
c. esame ed approfondimento dei vari punti individuati;
d. utilizzazione dei valori numerici, dimensionamenti, ecc. (uva da vinificare e giorni di vendemmia, computo dei prodotti e sottoprodotti, calcolo del volume dei recipienti, individuazione del macchinario e potenzialità di ognuna in quintali per ora, distribuzione organica dei componenti, ecc.);
e. scelta del macchinario enologico, dimensionamento e sistemazione negli spazi.

Da quanto esposto, si evince che non può esistere un solo prototipo di cantina bensì modelli diversi come soluzioni ideali di progetti. Inoltre, in relazione ai prodotti lavorati e commercializzati, si assiste ad un flusso di materiali **in entrata** (uva, vini, mosti concentrati, acqua, additivi enologici, bottiglie, tappi, etichette, capsule, damigiane, bottiglioni, cartoni, gas inerti, ecc.) ed altri **in uscita** (vino sfuso, vino confezionato, fecce, vinacce, raspi, tartrati, acque di lavaggio, rifiuti da imballaggio, vetri, ecc.).

Fig. 3.1 - Il ricevimento delle uve alla cantina (foto Spagnolli).

In linea generale, in una cantina sono sempre individuabili alcuni elementi costruttivi primari.

• **1. Il ricevimento**. È una sezione, il più delle volte esterna al vero locale di cantina, in cui arrivano le uve dopo che si è proceduto alla raccolta. Sovente trattasi di un'area esterna, protetta da una tettoia, in cui è ben curata la viabilità al fine di agevolare il flusso dei carichi di uva che provengono dal luogo di raccolta. In detto spazio, trova sistemazione una stazione acidoglucometrica con apparecchi prelevacampioni, adatta ad effettuare prelievi ed analisi minime delle uve (zuccheri ed acidità), inoltre, è presente una pesa per la valutazione quantitativa dei prodotti che afferiscono alla cantina. Lo scarico delle uve viene effettuato in una tramoggia e alla ricezione si effettua subito una prima lavorazione, pertanto la stessa ricezione può ospitare anche un macchinario enologico di prima lavorazione (diraspatrice, sgrondatori, ecc.).

• **2. Lavorazione e vinificazione**. È un locale di lavorazione delle uve che sorge in prossimità della ricezione. In essa le uve subiscono una pri-

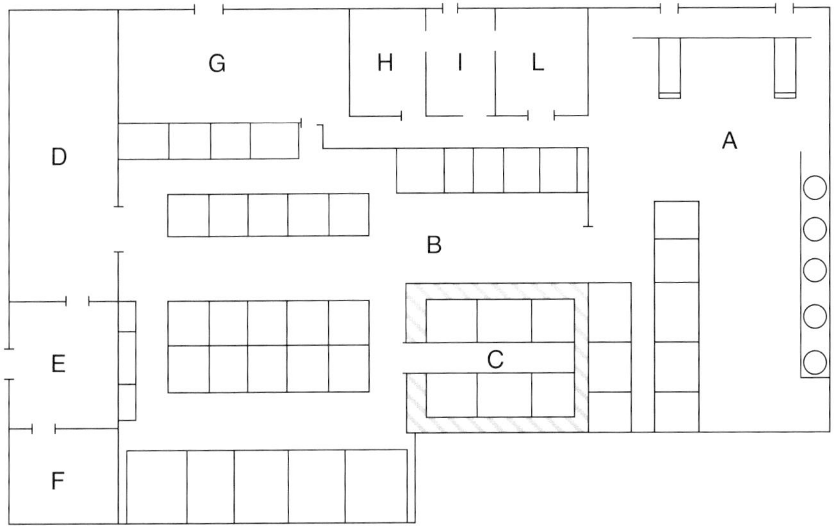

Fig. 3.2 - Pianta di cantina.

ma lavorazione (pigiatura, pressatura, ecc.) in modo da ottenere il prodotto pronto per la fermentazione: mosto comprensivo delle vinacce nel caso della linea del rosso o solo mosto da pressatura più o meno soffice nel caso di produzione di vini bianchi. A volte i locali di pigiadiraspatura o pressatura sono distinti da quello di fermentazione mentre in altri casi sono spazi contigui.

• **3. Locale di fermentazione**. È il locale in cui avviene la fermentazione o la gran parte di essa per la produzione dei vini rossi, bianchi o rosati. Vi ritroviamo i grossi contenitori di fermentazione sistemati in modo tale da evitare ogni rischio indesiderato circa le temperature. Di frequente è sistemato a sud nei paesi freddi ed a nord per quelli caldi.

• **4. Stoccaggio e stabilizzazione**. Rappresenta la zona della cantina in cui i vini o mosto-vini, dopo aver completato il processo fermentativo, subiscono il completamento attraverso una fermentazione lenta, progressivo illimpidimento e decantazione fisica. In questo locale, specie nelle piccole cantine, si effettuano i trattamenti stabilizzanti veri e propri come: correzioni ai vini, travasi, filtrazione, chiarificazione, refrigerazione, ecc.

a)

b)

Fig. 3.3 (a-b-c-d) - Operazioni di pigiatura in piccola a) e media cantina b) (foto a Beldì, b Archivio Edagricole).

c) Svinatura in bianco (foto Spagnolli).

d) Svinatura (foto Barison-Piva).

• **5. Invecchiamento e conservazione**. È una zona sempre presente nelle cantine, specie quando i prodotti vengono posti in tempi brevi sul mercato, è un locale separato dagli altri già trattati in quanto, per temperatura, umidità e tipologia di contenitori, necessita di una serie di condizioni particolari o specifiche. Sempre presente nel caso di produzione di spumante con metodo Charmat, è indispensabile quando si desidera trattare alcuni prodotti (per lo più rossi), che migliorano fortemente nel bouquet ed altre caratteristiche gustative. In genere è una zona poco luminosa, abbastanza fresca ed umida in cui il vino viene fatto stazionare in botticelle per periodi variabili (4-12 mesi).

• **6. Confezionamento**. Il prodotto stabilizzato, pronto per la vendita diretta o per mercati più o meno lontani dalla cantina, viene confezionato per la vendita in questo locale. A seconda dei contenitori scelti, in esso si procederà al riempimento di bottiglie, bottiglioni, damigiane, ecc.. È indispensabile in tale locale la presenza di una lavatrice e di una imbottigliatrice; così, partendo da contenitori nuovi o recuperati e lavati, si provvederà al riempimento, tappatura, etichettatura e confezionamento in cartoni.

• **7. Altri locali (deposito, analisi, uffici, ecc.)**. Non mancano in molte cantine, locali aggiuntivi a quelli descritti, indispensabili se si vuole ottenere prodotti particolari o si mira alla vendita diretta dei vini confezionati. Tra essi ricordiamo il deposito dei materiali (tappi, bottiglie, etichette, coadiuvanti diversi, ecc.), un piccolo laboratorio analisi, e, non ultimo, un locale-deposito in cui conservare le bottiglie in prevendita. Quest'ultimo, in particolare, è rappresentato da un locale anche interrato, con bassa luminosità, lontano dai rumori, con umidità costante (intorno al 70%) con temperature contenute (10-14 °C) e sufficientemente arieggiato.

3.2. Il macchinario enologico

3.2.1. *Pesatura e prelevacampioni*

All'arrivo del carico in cantina, si trovano macchine su cui l'uva viene pesata per accertare la quantità vendemmiata o conferita alla cantina. Sono piattaforme oscillanti presenti all'ingresso in lamiera striata di varie dimensioni (20-30 mq) e con portata variabile da 10 fino a 100 ton-

nellate. Esse vengono impiegate sia per la pesatura delle merci in entrata che per quelle in uscita.
In vicinanza, trova alloggiamento la stazione prelevacampioni costituita da una gru a comando idraulico portante una sonda al cui interno trova sede una coclea ed un dispositivo per il prelievo e la grossolana pigiatura dell'uva.
Dalla gru, il mosto-campione affluisce ad una stazione rifrattometrica che determina gli zuccheri e stampa il valore analitico sul medesimo cartellino di pesata.

3.2.2. *Pigiatrici*

Sono macchine provviste di tramogge in cui vengono scaricate le uve. Provviste di rulli pigianti, sagomati o scanalati posti a distanza costante, realizzano l'uniforme schiacciamento degli acini. Se l'operazione si compie anche con la separazione dei raspi, la macchina prende nome di pigiadiraspatrice; in essa, all'interno di un cilindro forato che permette la caduta del mosto e vinacce, opera un battitore provvisto di spatole per la separazione dei raspi che fuoriescono anteriormente al cilindro. Le capacità lavorative variano dai 50 ai 1000 q/ora. Esse possono avere asse orizzontale o verticale ed il caricamento può avvenire dall'alto o dal basso.

3.2.3. *Sgrondatori torchi a vite verticale*

Consentono una separazione rapida del pigiato, riducendo al minimo il contatto del mosto con le parti solide. Riescono a separare, in rapporto ai modelli, dal 40 al 70% del mosto presente. In relazione al funzionamento possono essere statici (con minore formazione di fecce) o dinamici (con coclea interna e gabbia forata ed inclinata in cui la massa viene spinta in avanti mentre il mosto scende in basso).

3.2.4. *Presse verticali ed orizzontali*

Sono costituite da gabbie in cui viene caricata l'uva che viene pressata per rotazione ed avanzamento di due piatti verso il centro o per pressatura soffice realizzata attraverso un sistema pneumatico a membrana in cui una camera, gonfiandosi, esercita una pressione sufficiente a far defluire il pigiato.

Fig. 3.4 - Prelievo di campione per grado zuccherino e acidità uva (foto Spagnolli).

Fig. 3.5 - Presse (foto Spagnolli).

3.2.5. *Presse a nastro*

In esse l'uva viene pressata all'interno di due nastri trascinati da rulli sagomati o scanalati e realizzati in materiale plastico speciale. Questi scorrono ravvicinati e presentano una struttura porosa che permette il drenaggio del mosto.

3.2.6. *Torchi*

Vengono usati soprattutto per recuperare mosto dalle vinacce. Quelli tradizionali a vite verticale erano discontinui e costituiti da gabbie entro le quali le vinacce ricevevano una pressione dall'alto per avanzamento di un martinetto.
Vi sono poi quelli orizzontali di tipo discontinuo, costituiti da una gabbia cilindrica orizzontale (per lo più lievemente inclinata) che viene caricata di uva da una tramoggia presente in alto e la pressione viene esercitata con l'avanzamento di una coclea interna.

3.2.7. *Vinificatori*

Sono contenitori in cui avvengono le fermentazioni del mosto. Costruiti per lo più in acciaio, a sviluppo verticale (fissi alla base) od orizzontale (ruotanti intorno all'asse) con capacità variabile dai 500 ai 1000 hl, in essi il processo si compie in circa 12 ore. Sono forniti di accessori diversi, quali: termometri per il controllo delle temperature, indicatori di livello dei liquidi, valvole e portelli di scarico, scale alle pareti, passerelle nella parte più alta, ecc.

Fig. 3.6 - Vinacce esauste (foto Archivio Edagricole).

3.2.8. *Pompe*

Un tempo manuali, oggi ad azionamento elettrico, sono macchine indispensabili per il sollevamento e il trasferimento di mosti e vini all'interno della cantina, come per carico e scarico dai mezzi di trasporto. Possono essere volumetriche, alternative (a stantuffo o a

a)

b)

Fig. 3.7 - Modelli di torchio tradizionale a) e pneumatico b) (foto Archivio Edagricole).

a)

b)

Fig. 3.8 - Vinificatori in acciaio a) e in cemento b) (foto Archivio Edagricole).

Fig. 3.9 - Pompa centrifuga (foto Tibiletti).

membrana) o rotative e centrifughe. Di esse è importante conoscere la prevalenza intesa come dislivello raggiungibile e la portata che indica in particolare la quantità di liquido spostata nel tempo (litri/ora).

3.2.9. *Solfitometri*

Sono utilizzati per solfitare mosti o vini. Erogano piccole quantità di anidride solforosa o montati lungo le condotte sono capaci di dosare in modo automatico e continuo (centraline di solfitazione) l'additivo enologico alla massa di mosto o vino. All'uopo usano anidride solforosa gassosa o in soluzione acquosa, attingendo da un recipiente di acciaio che funge da serbatoio.

3.2.10. *Separatori centrifughi*

Le macchine sono costituite da un bolo rotante centrale portante i piatti inclinati che per energica rotazione (7000-8000 giri/min) invia verso l'e-

sterno le sostanze solide o fecciose e verso l'interno il mosto od il vino. I modelli più impiegati nelle cantine sono costituiti da dischi conici sovrapposti che sono provvisti di sistemi automatici per lo scarico delle fecce (autopulenti).
Essi sostituiscono in tempi brevi quanto avviene nella chiarificazione naturale come separazione statica.

3.2.11. *Filtri*

Sono macchine usate per la filtrazione dei mosti e soprattutto dei vini. Il liquido sotto la spinta di una certa pressione passa attraverso setti filtranti in cui si spoglia di materiale in sospensione e esce limpido. Vi sono sistemi diversi di filtrazione, tra i quali ricordiamo i sistemi:

a)

Fig. 3.10 (a-b-c) - Filtro a piastre a), canna di spillatura b) e filtratori di mosti c) (foto Archivio Edagricole).

b)

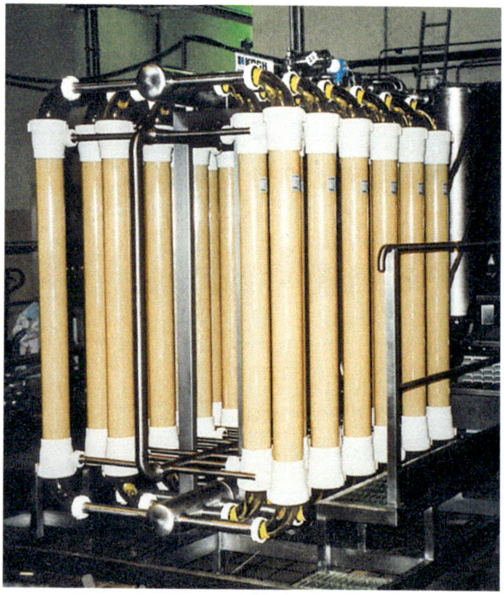

c)

- **a piastre**: alcune piastre rigide tenute ferme da testate di bloccaggio, portano degli strati filtranti, generalmente di cellulosa;
- **a farina fossile**: posti in verticale, con sistema ad alluvionaggio, utilizzano alcuni coadiuvanti (farina fossile, ecc.) nella prima fase per formare un prepannello di filtrazione che costituirà il vero strato filtrante;
- **a candele**: gli elementi filtranti sono costituiti da candele con elevata superficie filtrante e con buona possibilità di rigenerazione. Oggi sta avendo un considerevole sviluppo (pur se considerevole è il costo di acquisto della macchina), un sistema molto efficace come quello della **filtrazione a flusso tangenziale** che è capace di risolvere tutti i problemi ivi compresi quelli relativi all'imbottigliamento sterile.

3.2.12. *Refrigeratori*

Sono utilizzati per il raffreddamento e la stabilizzazione di mosti e vini. Il fenomeno si compie portando mosti e vini a temperature prossime al loro congelamento entro vasche isotermiche fornite di coibentazione.
L'impianto frigorifero, che ha il compito di generare il freddo, si compone di alcune parti, come: compressore, condensatore, evaporatore, valvole ed accessori. Durante il funzionamento, si genera un assorbimento di calore che si verifica quando una sostanza compressa (glicol, ammoniaca, freon, ecc.) viene fatta evaporare bruscamente.
Il vino o mosto che passa anche in controcorrente subisce un certo raffreddamento perdendo una certa quantità di frigorie.

3.3. I contenitori vinari

Nei tempi passati il legno imperava ovunque, dai tini di fermentazione, alle botti, finanche alle tinozze e mastelli. La cantina era più un museo

Fig. 3.10 - Impianto refrigerante.

che un laboratorio per la lavorazione delle uve e produzione di vini; si impiegava in modo particolare rovere e castagno.
Dopo qualche decennio, fu introdotto il calcestruzzo armato (vetrificato, piastrellato, plastificato), materiale sia economico sia impiegato nella realizzazione di contenitori di grandi capacità. Ma la qualità delle superfici a contatto, l'immobilità, la durata, il bisogno di proteggerle internamente, l'obsolescenza, ecc., hanno sentenziato la loro vetustà e dato spazio ai contenitori in metallo.
Oggi, tranne che per piccole o specifiche funzioni (barrique, vetro e vetroresina, ecc.) si è verificata una netta tendenza verso l'acciaio di buona qualità, sia per il macchinario enologico che per i contenitori sia, infine, per il trasporto.
I contenitori in acciaio, pur se caratterizzati da un costo di acquisto più elevato, sono preferiti per longevità, facilità nella pulizia e conservazione, mobilità, resistenza agli agenti, assenza di cessioni, disponibilità in forme e dimensioni diverse, funzionalità, elevata disponibilità di accessori, durata illimitata con ridottissimi rischi per usura. Quelli più comunemente usati hanno capacità variabile ed ampie scelte di capacità, da pochi ettolitri fino a 10.000 hl.
Per molti impieghi trova largo uso la vetroresina in considerazione dell'assenza di cessioni al vino, la facilità di pulizia, il basso peso, la vasta scelta di forme e dimensioni. Così anche il materiale plastico ha assunto maggiore importanza e diffusione specie per piccoli recipienti, in considerazione del basso costo, facilità di pulizia e leggerezza.
Insostituibili per il confezionamento e la vendita diretta, sono i contenitori in vetro che vanno dalle damigiane da 50 a 5 litri alle bottiglie di forme e dimensioni diverse, la più usata delle quali ha volume di 750 ml.

3.4. L'igiene in cantina

L'igiene in cantina, riguardo a locali, contenitori ed apparecchiature, è fattore legalmente richiesto. Esiste un «Manuale di corretta prassi igienica per il settore enologico» (HACCP - Hazard Analysis Critical Control Point System) ed è importante immettere in commercio, vini sani, igienicamente perfetti e sicuri per il consumatore.
Da un lato si dovrà affrontare il problema di asportare i residui delle lavorazioni che rimangono in superficie (uso di detergenti), dall'altro provvedere ad eliminare o neutralizzare ogni presenza di microrganismi indesiderati (fase di sanizzazione).

Con soluzioni acquose di composti (soda caustica, acqua ossigenata, cloro attivo) atti a devitalizzare la carica microbica e soluzioni acide sono destinate a rimuovere i depositi calcarei (acidi solforico, cloridrico, fosforico).
I sanizzanti vanno scelti in relazione al tipo di flora microbica ed alla natura delle superfici da trattare. Tra essi ricordiamo i composti fungicidi (composti di ammonio quaternari), quelli ad azione microbica (acido fenacetico) o quelli ad azione generale come il vapore acqueo, che tra l'altro, non pone problemi di residui e di attacco dei materiali. In generale, l'utilizzo dei diversi prodotti impone delle scelte in merito al costo del trattamento, allo spettro di azione del prodotto, all'azione corrosiva sul materiale, alla pericolosità per l'operatore, alla semplicità d'impiego e facilità del risciacquo.
È superfluo ricordare che in cantina si dovrà sempre disporre di buona acqua ed in quantità sufficiente (priva di componenti organici, batteri, inodore, insapore, a basso grado di durezza, ecc.).
Le fasi della pulitura di contenitori ed apparecchiature possono distinguersi come segue.

- **Lavaggio**. Eliminazione di tutto lo sporco facilmente allontanabile con l'uso di sola acqua.
- **Pulitura**. Utilizzazione di acqua unitamente a prodotti diversi capaci di eliminare sia lo sporco di origine organica che minerale.
- **Disinfezione**. Uso di sostanze, da sole od in soluzione, che per azione chimica siano capaci di distruggere tutte le forme diverse di microrganismi.
- **Risciacquo**. Operazione con la quale si eliminano tutti gli eventuali residui (organici e minerali) nonché l'eccesso di detergenti o disinfettati usati durante le operazioni di igienizzazione.

I trattamenti di risanamento vanno effettuati in relazione al tipo di contenitore.

- **In cemento**. Lavare con soluzione acida allo 0,5% di acido solforico o di acido tartarico al 20% e sciacquare. Fare solforazione (g 10 per 10 hl). Ventilare ed asciugare, poi solforare prima di chiudere.

- **In legno**. Riempire di acqua con cloruro di sodio allo 0,5% o carbonato sodico allo 0,3% per una settimana. Lavare con acqua e risciacquare. Se nuovi, vanno riempiti con acqua solfitata e ne va verificata la tenuta. Quando sono usati, è bene riempirli con acqua solfitata (1 per mille) per 2-3 giorni e far riprendere alle doghe il giusto volume. Per eliminare le impurità si può usare anche calce viva (2-3 kg per hl sciolti in acqua).

- **In acciaio**. Lavare con acqua acidulata e risciacquare (evitare il cloro in quanto risulta corrosivo).
- **In vetroresina e plastica**. Lavaggio con soluzioni alcaline e buon risciacquo.
- **In vetro**. Lavaggio con acqua calda contenente il 10% di bicarbonato di sodio e risciacquo con acqua corrente. Sono di uso comune, altre soluzioni alcaline, a base di soda caustica o prodotti detergenti privi di fosfati.

Le operazioni descritte ricorrono particolarmente prima e dopo la vendemmia, prima e dopo il processo fermentativo, dopo le operazioni di travaso, stabilizzazione e confezionamento. Tuttavia, sarà sempre importante:

- arieggiare i locali ed evitare i ristagni di umidità;
- verificare in tempo e prima dell'uso, le macchine ed attrezzature (igiene e funzionamento);
- pulire e disinfettare le macchine e recipienti dopo l'uso;
- arieggiare ed asciugare i contenitori e le superfici per evitare lo sviluppo di muffe;
- pulire, disinfettare, asciugare e proteggere le macchine prima di riporle in deposito;
- detartrare le botti.

3.5. Sicurezza

Alcune disposizioni generali e specifiche trattano l'argomento della sicurezza sul luogo di lavoro. Tra le norme fondamentali si ricordano: DPR 547 del 27.04.55, DPR 164 del 7.1.56, Legge 303 della 3.3.56, Legge 833 del 23.12.78, DPR 619 del 31.7.80, D.L. 277 del 15.08.91, D.L. 626 del 19.03.94, il D.I. 165/97 (H.A.C.C.P.) e Circolari del Ministero del Lavoro e del Ministero dell'Interno.
Non è facile trattare in modo dettagliato questa vasta normativa, mentre è sicuramente utile ricordare alcune precauzioni od attenzioni che interessano chi lavora in una cantina.

- **a) Che cosa deve esserci nei locali di lavorazione**

- Strutture verificate e stabili.
- Vie d'uscita e d'emergenza.
- Presenza della segnaletica di sicurezza.
- Presenza di dispositivi per rilevare e combattere gli incendi.
- Presenza di estintori in posizione visibile e segnalati da cartello rosso.
- Illuminazione sufficiente.
- Temperatura dei locali adeguata al lavoratore.
- Aerazione idonea in tutti gli ambienti (cubature sufficienti).
- Scale dimensionate e sicure.
- Spogliatoi, armadi, docce presenti in numero sufficiente.
- Attrezzature di lavoro a norme CEE ed ISO 9001.
- Vie d'uscita d'emergenza segnalate, in numero sufficiente e libere da materiali ed ostacoli.
- Porte e portoni di adeguate dimensioni ed apribili verso l'esterno.
- Luce sussidiaria delle vie d'uscita d'emergenza.
- Pavimenti non sdrucciolevoli, privi di buche, rilievi e sgombri da materiale.
- Ambienti agevoli a portatori di handicap.

- **b) Come comportarsi**

- Conoscere gli ambienti di lavoro.
- Effettuare pulizie in rapporto alla natura dei muri e dei pavimenti.
- Tenere le vie di uscita sgombre da materiali od ostacoli.
- Presenza della cassetta di pronto soccorso e conoscenza delle nozioni di primo intervento.
- Conoscenza del funzionamento delle macchine (manuali d'istruzione, arresto d'emergenza).
- Conoscenza degli incidenti più frequenti che possono verificarsi con l'uso delle macchine.
- Presenza ed adozione delle protezioni individuali.
- Rispettare la segnaletica specifica relativa alle macchine.
- Conoscere le precauzioni da adottare nello spostamento di carichi (sforzo fisico, trasporti pesanti, carichi difficili da afferrare, danni alla colonna vertebrale, spazio sufficiente all'attività richiesta, pavimento sgombro e non sdrucciolevole).
- Tenere a disposizione tutti i numeri per il soccorso (VVFF, Carabinieri, Croce Rossa, Croce Verde, ecc.).
- Segnalare le carenze al responsabile e contribuire a rendere il lavoro sempre più sicuro.

4. Il mosto

4.1. I componenti del mosto

Il mosto è una soluzione complessa dal sapore dolce con discrete quantità di acidi per lo più organici; il substrato contiene zuccheri semplici e diviene subito un mezzo in cui diversi agenti attivano la fermentazione. Tra i componenti più importanti ricordiamo i seguenti.

• **Zuccheri**. Sono prevalentemente contenuti nella polpa dell'acino e rappresentati per la quasi totalità da due zuccheri semplici (esosi) glucosio e fruttosio (in rapporto pressoché 1:1). Il mosto presenta inoltre piccole quantità di zuccheri semplici non fermentescibili (pentosi) quali arabinosio, xilulosio, ramnosio.
Glucosio e fruttosio sono oggetto del processo fermentativo che li trasforma in alcool etilico, anidride carbonica ed altri componenti secondari. In rapporto a diversi fattori (clima, vitigno, ambiente pedologico, ecc.) il contenuto zuccherino è variabile, comunque contenuto intorno al 15-30%. Maggiori sono i contenuti in zucchero del mosto, maggiore sarà la quantità di alcool che si produrrà nel processo fermentativo.

• **Acidi**. Trattasi prevalentemente di acidi organici quali il tartarico, malico e citrico cui si aggiungono altri in piccole quantità. Nelle regioni a

Tab. 4.1

Fase fenologica	Zuccheri totali (q)	Glucosio %	Fruttosio %
Bacca verde	12	85	15
Invaiatura	180	50	50
Maturazione	200	45	55

clima più freddo, prevale il malico mentre nelle zone meridionali ed assolate prevale il tartarico.
Essi conferiscono discreta acidità al mosto (mascherata dalla prevalente sensazione zuccherina) tanto che il pH assume valori compresi tra 2,8 e 3,5 per un contenuto di acidi che può variare da 5 a 10 g/l. Una discreta frazione degli acidi contenuti nel mosto si presenta salificata (con potassio e calcio in prevalenza) e quindi suscettibile di insolubilizzazione. È questo uno dei motivi per i quali quando si otterrà il vino, esso avrà meno acidità del mosto di provenienza pur se nel vino faranno la comparsa altri acidi non presenti nel mosto quali l'acido acetico frutto del fenomeno fermentativo.

• **Sali minerali**. La vite assorbe notevoli quantità di sali nutritivi del terreno e questi, che ritroveremo copiosi nel mosto, rispecchiano per certi versi la natura dei terreni in cui cresce la vite.
Tra i più rappresentati ricordiamo i cationi, il potassio, il calcio, il magnesio, il sodio, ferro, rame, accanto a matrici acide cui essi si possono legare come fosfati, solfati, cloruri.
Nella totalità rappresentano quantità di 2-3 g/l. Questa componente riveste grande importanza, come vedremo in seguito, ma possiamo anticipare il loro ruolo nella sapidità dei futuri vini, il loro valore alimentare, il ruolo come alimento per i lieviti della fermentazione, ecc.
Diversi altri componenti rientrano nel mosto:

- la componente riconducibile alle **sostanze coloranti** che conferiscono ai vini il tipico colore;
- i **tannini** che danno il gusto astringente;
- le **sostanze azotate** presenti per lo più come proteine ed amminoacidi;
- un importante gruppo di **vitamine** (A, B1, PP, B6, ecc.);
- i componenti degli **aromi primari** tipici del vitigno;
- una frazione data dai **fermenti** e dalla componente **enzimatica**.

Tab. 4.2 - I componenti del mosto

Componenti	%
Acqua	75-80
Zuccheri	15-30
Acido tartarico	0,5-0,6
Acido malico	0,2-0,7
Acido citrico	0,1-0,5
Sost. minerali	2-4
Sost. tanniche	0,01-0,05
Sost. azotate	0,01-0,08
Sost. pectiche	0,05-0,5

4.2. Le correzioni ai mosti

Tutti gli interventi volti ad equilibrare la composizione dei mosti in prefermentazione prendono nome di correzioni.
Infatti, la loro composizione varia per una serie di fattori quali per esempio: vitigno, clone, terreno, clima, malattie, grado di maturazione delle uve, ecc. A seconda del vino da ottenere devono venir valutati gli interventi minimi ai mosti al fine di conferire ad essi una giusta armonia o semplicemente per migliorarne la composizione generale.
È difficile e sconsigliato agire con correzioni su vini mentre è più semplice e meno traumatico ottimizzare la correzione del mosto pensando alle caratteristiche finali del vino.
In genere, gli interventi correttivi per buona parte interessano gli zuccheri ed il contenuto di acidi; essi possono essere aumentativi o diminutivi degli stessi componenti.

4.2.1. *La correzione degli zuccheri*

È quasi sempre aumentativa e non essendo autorizzata l'addizione di zuccheri in commercio (saccarosio), si realizza mescolando al mosto un secondo, con maggiore quantità di zuccheri o, più comunemente, attraverso l'addizione al mosto di alcune parti di mosti concentrati, rettificati, muti. Largamente impiegato è il mosto concentrato rettificato (MCR) ottenuto da mosti deionizzati e concentrati sotto vuoto.
La mescolanza dei due prodotti va fatta rispettando la regola del taglio.
Sia X il grado zuccherino del mosto da correggere, Y il grado zuccherino del mosto concentrato usato, Z il valore zuccherino che vogliamo raggiungere nel mosto dopo la correzione:

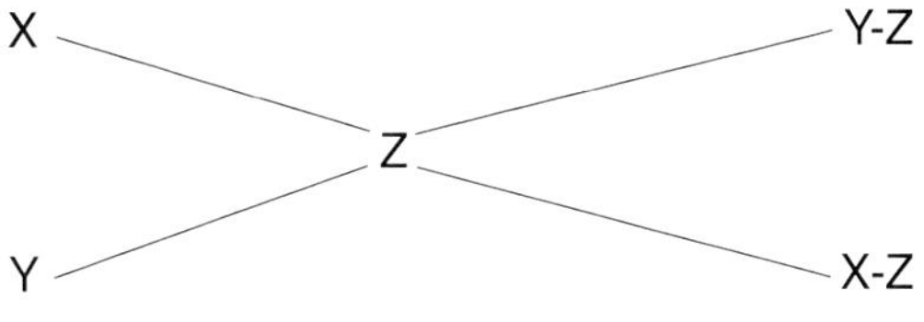

In ultima analisi, l'operazione verrà compiuta aggiungendo Y-Z parti di mosto da correggere a X-Z parti di mosto concentrato.

Nella pratica, se vogliamo correggere un mosto di 17° zuccherini per portarlo a 18,5° utilizzando un mosto concentrato a 60°, si dovranno aggiungere 1,5 parti di mosto concentrato ogni 41,5 parti di mosto a 17° per avere una massa contenente zucchero pari al 18,5%:

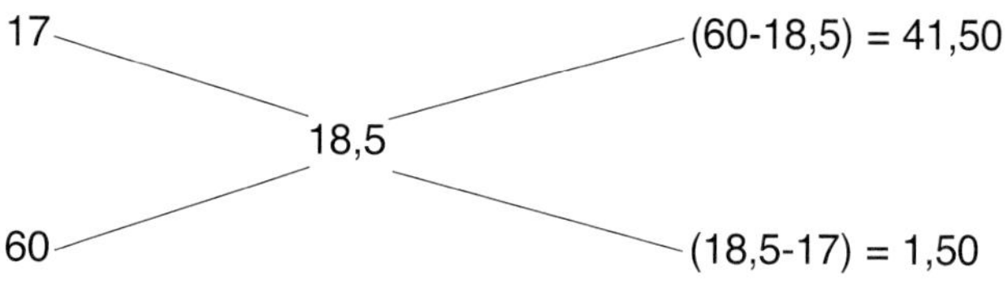

È evidente che lo stesso procedimento sarà valido nel caso si dovesse procedere a tagli con mosti aventi zuccheri in quantità poco diversa o nel caso in cui si volesse procedere ad una correzione diminutiva.

4.2.2. *La correzione dell'acidità*

È operazione non rara in quanto per localizzazione o annata, è facile avere mosti poco zuccherini e molto acidi o viceversa; il primo caso è più frequente al settentrione mentre il secondo si verifica spesso nelle regioni meridionali.
Sovente una previsione accurata dell'epoca di vendemmia ci risparmia tale operazione (es. l'anticipazione nelle regioni più calde), ma non sempre una raccolta può farsi in un'epoca o una data a nostra discrezione. Comunque un grado di acidità squilibrato va corretto se non vogliamo incorrere nell'ottenimento di vini poco equilibrati, malati, con fermentazioni anomale, ecc. È superfluo sottolineare che tale correzione può sempre avvalersi di tagli tra mosti aventi opposte composizioni acidiche ma solo raramente si hanno tali coincidenze.
Una buona acidità nei futuri vini è carattere fondamentale di conservazione come ostacolo allo sviluppo dei batteri, faciliterà inoltre la percezione dei profumi, del gusto, dell'alcolicità e del corpo dei vini.

• **Correzione aumentativa**. In tal caso è consentito aggiungere al mosto acido tartarico o citrico in commercio. Per il primo non ci sono limitazioni mentre il secondo va aggiunto in modo tale che l'acido citrico totale nel prodotto finale non superi il limite legale di 100 g/hl. Questi acidi aggiunti al mosto tendono in parte a salificarsi con calcio e potassio e precipitare (in pratica un aumento di un grammo di acidità titolabile per litro nel mosto si raggiunge addizionando 150-200 g di acido tartarico per ettolitro).

• **Correzione diminutiva**. Oltre ai possibili tagli, l'acidità elevata, tipica delle annate sfavorevoli o dei climi freddi, si può diminuire ricorrendo all'addizione al mosto di prodotti che operano una salificazione parziale degli acidi ed una conseguente precipitazione.
Ad esempio, per ridurre di un grado l'acidità del mosto si possono aggiungere 66 g/hl di carbonato di calcio o 150 g/hl di tartrato di potassio. Tuttavia, è bene non eccedere con la deacidificazione, anche in relazione alla diminuzione di acidità titolabile tipica nel prodotto dopo la fermentazione.

4.3. L'anidride solforosa

L'anidride solforosa (E 220) è un prodotto usato in cantina come additivo enologico sia dei mosti che dei vini. È il tipico gas che si sviluppa quando avviene la combustione dello zolfo e viene usato sia nella produzione dei vini bianchi che in quella dei rosati e rossi; si impiega sotto forma di gas, soluzione acquosa o sale che in soluzione sviluppa poi anidride solforosa.
L'impiego su mosti e vini è suggerito dalle molteplici funzioni che essa svolge.

- **Antisettica**: dosi sufficientemente elevate (30-50 g/hl), sono in grado di bloccare l'azione e lo sviluppo di lieviti e batteri.
- **Antiossidante**: è capace di opporsi all'azione negativa dell'ossigeno sui componenti di mosti e vini ed ostacola le ossidazioni in virtù delle sue capacità nel disattivare alcuni enzimi. Preserva da molti composti che altrimenti finirebbero per conferire intorbidamenti ai vini.
- **Solvente**: facilita la solubilità delle sostanze coloranti presenti nelle bucce permettendo un arricchimento in colore dei vini.
- **Chiarificante**: favorisce la formazione di grossi aggregati colloidali, per lo più proteici, che con il tempo precipitano, favorendo la defecazione dei mosti.
- **Bloccante**: per la facilità con cui reagisce con componenti dei mosti (es. aldeidi), facilita la formazione di composti intermedi nel processo fermentativo.
- **Acidificante**: in soluzione si comporta da acido contribuendo a realizzare le condizioni migliori di fermentazione e conservazione.

Si annoverano comunque anche effetti indesiderati del composto aggiunto:

- in ambiente riducente produce acido solfidrico che conferisce odore sgradevole di uova marce;
- le dosi in eccesso si riflettono negativamente in fase di degustazione;
- in eccesso porta ad un blocco di alcune fermentazioni che invece dovrebbero svolgersi regolarmente (es. fermentazione malolattica);
- è difficile correggere gli eccessi di anidride solforosa aggiunti.

In virtù delle diverse azioni, viene usata in fasi e quantità diverse, dalla post-raccolta fino al pre-confezionamento dei vini. Si usano quantità maggiori nei casi di vinificazione di uve alterate, in mosti e vini a bassa acidità od alcolicità, quando vi è un maggiore rischio di ossidazione, quando si lavora con prodotti non troppo sani o puliti, ecc.

Fig. 4.1 - Solfitometro (foto Archivio Edagricole).

L'anidride solforosa aggiunta al vino, avrà diverse destinazioni:
- parte viene perduta come gas;
- altra parte rimane nel vino in forma libera;
- altra parte va in soluzione e si comporta come acido;
- parte si combina con i diversi componenti del vino (aldeide acetica, zuccheri, ecc.).

È evidente che le forme legate non saranno in grado di svolgere una funzione attiva mentre la frazione rimasta libera, sarà sempre a disposizione per proteggere il vino da futuri agenti ossidanti.
Esiste un equilibrio tra la forma libera e quella combinata condizionato in particolare dalla temperatura del mezzo e dal pH del vino.

4.3.1. *Modalità d'impiego*

L'anidride solforosa va aggiunta cercando di distribuire con una certa omogeneità il prodotto nella massa da trattare, motivo per il quale è bene ricorrere a solfitatori idonei a far sì che al termine della solfitazione non vi siano zone ad alta e bassa concentrazione.
Come precedentemente espresso, si può usare in forma di gas, soluzioni o sali. Tra questi ultimi ricordiamo il più usato: il metabisolfito (o pirosolfito) di potassio che si presenta in cristalli biancastri solubili, che, una volta in soluzione, sviluppano anidride solforosa in quantità pari a circa il 50%. Sono in commercio anche compresse effervescenti costituite da 2/3 di metabisolfito ed 1/3 di bicarbonato di potassio. Sono sali meno usati il bisolfito di potassio ed il solfito di calcio.
Non è semplice indicare le dosi da aggiungere a mosti e vini ma ci sembra utile suggerire che:
- 5-30 g/hl esercitano un'azione selettiva;
- 300-500 g/hl rendono il mosto muto (infermentescibile);
- in uve sane non si aggiungono più di 5-8 g/hl di anidride solforosa;
- pochi milligrammi di libera nei vini rappresentano sempre una desiderata protezione al prodotto.

Quando non emergono particolari problemi, le dosi da aggiungere possono ricondursi ai seguenti valori:
- rossi 3-8 g/hl;
- bianchi o rosati 3 g/hl;
- liquorosi 3-5 g/hl;
- per uve poco acide o botritizzate, le dosi crescono a 5-15 g/hl.

Si aggiungono circa 4 grammi ad ogni travaso per arrivare al periodo estivo. Nei vini si ritrovano 5-10 mg/l della frazione libera ed una frazione totale di 50-100 mg/l.
L'anidride solforosa va usata con moderazione e solo nelle dosi che risultano indispensabili, poiché le quantità troppo elevate non solo creano problemi tecnici ma soprattutto sanitari, in relazione alle dosi giornaliere assunte dai consumatori di vino. Il rischio di avvelenamento nell'uomo è in rapporto alla concentrazione utilizzata, al tempo di esposizione, all'aerazione dell'ambiente in cui si opera e alla temperatura del locale. È importante mantenere il tenore in biossido di zolfo sufficientemente basso pur senza compromettere l'evoluzione e la conservabilità dei vini. La sanità delle uve, l'igiene in cantina e l'uso di lieviti selezionati sono tre armi per ridurre di molto le dosi di anidride solforosa.
La legislazione per i vini in commercio prevede dosi massime di frazione libera pari a 16 mg/l per i rossi, 20 mg/l per i bianchi e rosati (sono dosi da non raggiungere se non in casi estremi).

Tab. 4.3

LIBERA	Gassosa in soluzione Ione bisolfito Ione solfito	**ATTIVA**
COMBINATA	Combinata con gli zuccheri	**INATTIVA**
	Combinata con acetaldeide ed altri composti carbonilici	

4.4. Gli agenti della fermentazione (i lieviti)

La superficie delle bucce d'uva, ed i pedicelli in particolare contengono una flora spontanea costituita da organismi unicellulari (lieviti, muffe, batteri, ecc.) che trascorrono gran parte della loro vita nei suoli delle vigne e successivamente, per azione di agenti diversi, raggiungono la parte esterna dell'uva. Il loro numero aumenta in momenti successivi alla

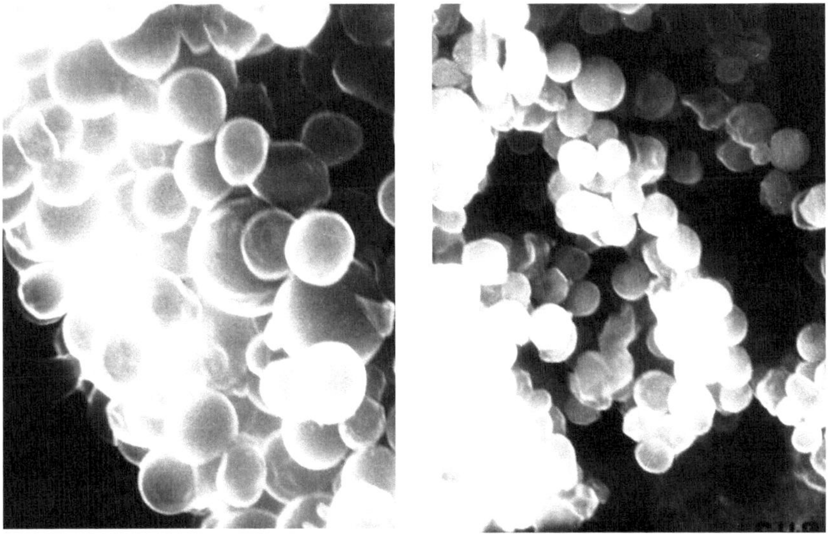

Fig. 4.2 - Lieviti fermentanti di *S. cerevisiae* visti al microscopio elettronico (foto Spagnolli).

vendemmia in coincidenza con la rottura delle bacche e la fuoriuscita del mosto, substrato in cui si riproducono con facilità. Dopo la pigiatura, a contatto con il mosto, essi attivano il processo fermentativo trasformando il mosto in vino.

Sono in grado di moltiplicarsi agevolmente a temperature comprese tra 10 e 35 °C. Hanno forme e grandezze diverse, da quella apiculata (piccoli limoni) a quella ellittica; mentre i primi non tollerano l'anidride solforosa ed alcool al di sopra di 3-4 °C, i secondi sono i veri agenti del processo fermentativo resistenti all'alcool (10-12 °C) ed a discrete dosi di anidride solforosa. Una flora così eterogenea, presente nelle uve in campagna (apiculati, muffe, batteri lattici, batteri acetici, ecc.), è spesso poco desiderabile, specie nelle cattive annate e non è affidabile se si desidera avere prodotti di qualità. Infatti, i microrganismi non idonei, attaccando gli zuccheri (glucosio e fruttosio), l'acido citrico, l'acido malico e la glicerina producono poco alcool e molti prodotti secondari indesiderati (acido acetico, composti solforati, acido lattico, acroleina, diacetile).

Conoscere i lieviti e la loro evoluzione durante il processo fermentativo riveste notevole interesse, in modo particolare si tende a conoscere più diffusamente quelle forme tipiche di un certo territorio che, associate al vitigno, finiscono per essere le vere responsabili della tipicità dei prodotti. Pertanto, è sicuramente consigliabile addizionare al mosto da fermentare lieviti selezionati. I fattori positivi sono:

- migliore controllo del processo fermentativo;
- avvio della fermentazione al momento desiderato;
- permettere un riavvio dopo il blocco fermentativo;
- definire con adeguatezza i tempi di fermentazione;
- evitare la formazione di prodotti indesiderati (acido acetico, idrogeno solforato);
- ridurre l'impiego di additivi in dosi elevate ed in particolare di anidride solforosa;
- ottenere migliori rendimenti in alcool;
- facilitare la produzione degli aromi tipici;
- favorire la formazione di aromi secondari desiderati;
- pervenire ad una tipicizzazione adeguata dei prodotti.

In commercio sono disponibili diversi ceppi di lieviti selezionati, da quelli alcoligeni, ai resistenti all'anidride solforosa, agli specifici per esaltare gli aromi varietali, ecc.. Sono disponibili in soluzioni zuccherine, compressi in pasta, liofilizzati o come lieviti secchi attivi (LSA).
Per attivare il processo fermentativo, usando lievito commerciale, occorre preparare ed addizionare il lievito secco attivo come segue: circa un chilogrammo di lievito viene messo in 10 l di acqua addizionata di poco mosto a 35-40 °C agitando ogni 10'. Dopo 30-35' si aggiunge al mosto da fermentare. Il ceppo inoculato dopo breve tempo prenderà il sopravvento sui lieviti appartenenti alla flora spontanea, subirà un adattamento al mezzo, si moltiplicherà attivamente ed innescherà un processo fermentativo con alte rese in alcool e aromi tipici.

4.5. La fermentazione dei mosti

La fermentazione è un processo durante il quale i lieviti operano una trasformazione degli zuccheri del mosto in alcool del vino con formazione di anidride carbonica.
Avviene in presenza di agenti viventi (lieviti) e quindi è influenzata dalla temperatura ambientale. Le temperature basse bloccano le fermentazioni, mentre quelle alte favoriscono trasformazioni anomale, pertanto è bene fare attenzione a tale fattore ed essere in grado di intervenire in cantina per ripristinare le migliori condizioni.
Il processo chimico è piuttosto complesso ed al termine della trasforma-

zione, oltre all'alcool etilico, i lieviti avranno prodotto altri composti che ritroveremo nel vino in minore quantità (glicerina, alcoli superiori, acido acetico, ecc.).

L'equazione generale della fermentazione può così rappresentarsi:

$$\text{Glucosio o fruttosio} \xrightarrow{\text{Fermentazione}} \text{alcool etilico} + \text{anidride carbonica} + 28\ \text{Kcal}$$

180 g — 2×46 g — 2×44 g

Quanto alcool si forma dallo zucchero che fermenta?

Dall'espressione che segue si può calcolare la quantità di alcool che si origina dal processo: servendoci delle proporzioni possiamo dire che da 180 grammi di zuccheri (glucosio e fruttosio) si formano 92 grammi di alcool etilico così come da 100 g di zuccheri se ne formerebbe:

$$180 : 92 = 100 : X$$

da cui

$$X = 51{,}11 \text{ grammi di alcool che vanno espressi in volume}$$

$$V = P/ps \text{ (ove ps è il peso specifico dell'alcool)}$$

$$V = 51{,}112/0{,}794 = 64 \text{ cc di alcool}$$

ogni 100 g di zucchero che fermenta; ecco il motivo per il quale, volendo conoscere l'alcool del futuro vino, si moltiplicano gli zuccheri del mosto per 0,64.

Qual'è la quantità di anidride carbonica che si forma nel processo fermentativo?

Da 180 grammi di zucchero si formano 88 g di anidride carbonica da 100 g se ne formerà:

$$180 : 88 = 100 : X$$

X = 48,8 grammi di anidride carbonica pari a circa 25 litri, in condizioni normali.
A pressione ordinaria (1 Atm.) ed alla temperatura di circa 25 °C i 100 grammi di zucchero di partenza finiranno per produrre circa 27 l di gas.

5. Vinificazione e vino

L'uva recisa in fase di vendemmia raggiunge la cantina di destinazione in tempi ragionevolmente brevi, dopo l'eliminazione di frazioni ammuffite, rinsecchite, uve immature o ricche di residui di fitofarmaci; vanno sempre garantite le condizioni di salubrità operando in locali e con contenitori puliti.
Il prodotto deve subire una prima fase di lavorazione, che prende nome di ammostatura, al fine di ottenere la frazione che dovrà subire la fermentazione. La separazione può prevedere il raggiungimento di un prodotto finale privo del solo raspo (uso di diraspatrici) o comprendere anche la separazione delle bucce (con presse).

Perché separare i raspi?

I raspi in fase di fermentazione rendono soffice la massa favorendo la moltiplicazione dei lieviti, inoltre, la rendono meno compatta e pertanto permeabile anche agli scambi di calore. Tuttavia, la presenza di raspi durante la fermentazione crea anche alcuni inconvenienti che ne suggeriscono la separazione in quanto:

- non posseggono componenti importanti per i futuri vini;
- conferiscono ai vini gusti erbacei indesiderati;
- assorbono parte della componente colorata delle uve;
- aumentano la massa da vinificare.

Con la separazione delle bucce o vinacce dal mosto, eseguita prevalentemente per le uve rosse, avremo la vinificazione in rosso, altrimenti quella in bianco per l'ottenimento dei vini bianchi. Particolare attenzione va riposta al controllo della temperatura che in genere dovrà attestarsi come segue:

- vini rossi 25-30 °C
- vini bianchi 18-20 °C
- vini liquorosi 20-22 °C.

In genere, la temperatura più bassa si adotta per i vini a consumo precoce.

5.1. Vinificazione in rosso

È una tecnica usata generalmente per la produzione di vini rossi e che permette una buona estrazione dei costituenti della buccia, tannini e sostanze aromatiche che conferiranno al vino colore e sapore tipico.
Il processo fermentativo, che si manifesta in modo tumultuoso per la ricchezza di lieviti presenti nelle bucce, avviene in tini o vinificatori ed il contatto con le bucce o vinaccia può variare da poche ore (vini rosati) ad alcuni giorni (vini corposi e ricchi di colore). La diraspatura, riducendo la cessione di sostanze tanniche al vino, permette così di ottenere prodotti più morbidi.
I contenitori di fermentazione verranno riempiti solo parzialmente in quanto l'anidride carbonica che si forma tende a portare la vinaccia in superficie (cappello) con il rischio che venga a contatto con l'ossigeno ed acquisti così odore di aceto.
In genere, nella fermentazione in rosso, la vinaccia viene rimessa a contatto con il liquido (follature o rimontaggi), al fine di arricchire il vino di colore, tannini, ed altri componenti solubili in fase di vinificazione.
Le macerazioni brevi di 3-5 giorni fanno ottenere vini fruttati e freschi, poco carichi in colore e tannini; le macerazioni con lungo contatto con vinacce (2-3 settimane o più) forniscono vini molto coloriti e ricchi in sostanze tanniche, tipici prodotti da invecchiamento.
Quando il vino ha acquisito il giusto colore, si procederà con la svinatura per separare il mosto-vino dalle parti solide; il vino, travasato in recipienti puliti, completerà la trasformazione degli zuccheri in alcool (fermentazione lenta).
In genere, la macerazione deve procedere in modo tale che si raggiungano le condizioni ottimali per estrarre in modo selettivo aromi ed antociani, senza arricchire eccessivamente in catechine, tannini condensati ed altri componenti indesiderati.

Diagramma di produzione dei vini rossi

UVE

Cernita, pigiatura e diraspatura

MOSTO CON VINACCE

Aggiunta di anidride solforosa e lieviti

FERMENTAZIONE CON MACERAZIONE
a temperatura controllata - per 7 gg

FOLLATURE O RIMONTAGGI

SVINATURA

CHIARIFICAZIONE e FILTRAZIONE

VINO NUOVO

TRAVASI

FERMENTAZIONE MALOLATTICA

DECANTAZIONE e TRAVASI

CORREZIONE E TAGLI

STABILIZZAZIONE
Chiarificazione-Refrigerazione- Filtrazione

INVECCHIAMENTO

CONFEZIONAMENTO e DISTRIBUZIONE

Vale elencare quanto seguito per alcuni vini rossi francesi:

1. studio della maturazione e scelta dell'epoca della vendemmia;
2. selezione dei grappoli (eliminando quelli acerbi e non sani);
3. diraspatura ed aggiunta di anidride solforosa (4-6 g/hl);
4. il mosto va in tini di fermentazione a 30-32 °C (la macerazione si protrae per 15-20 gg con ridotte follature e rimontaggi per evitare di estrarre composti astringenti ed in tempi troppo brevi);
5. favorire le condizioni che permettono un rapido avvio della malolattica; meglio i rimontaggi (che le follature) che vengono effettuati in numero di due al giorno.

Il vino viene imbottigliato non prima di 20-24 mesi, intanto matura in barrique con travasi (4 al primo anno e 3 al secondo) e viene chiarificato con bianco d'uovo. Si fa maturare il vino con poca solforosa, arieggiando, insufflando aria ai travasi.

5.1.1. *La termovinificazione*

È una tecnologia di lavorazione delle uve che permette l'estrazione a caldo delle sostanze fenoliche delle uve rosse. La macerazione, che avviene durante il processo fermentativo, facilita l'estrazione delle sostanze aromatiche, coloranti e tanniche. Durante il processo è fondamentale la gestione della temperatura, il dosaggio dell'anidride solforosa nonché la quantità di alcool presente e le azioni enzimatiche che si verificano nel liquido.

5.2. Vinificazione in bianco

È una linea di lavoro che partendo dai mosti sottoposti alla fermentazione, privi di vinacce, permette di ottenere vini bianchi poco colorati o basi per spumanti (infatti si possono ottenere bianchi anche partendo da uve rosse). Le uve vengono pressate leggermente e si ricava un mosto piuttosto limpido, quasi privo di tannini e sufficientemente dotato di aromi primari.
In genere, è una lavorazione più delicata e difficile da guidare. Infatti, i mosti privi di bucce sono più poveri di lieviti, l'ossigeno provoca più facilmente alterazioni di odore e sapore, le fecce in sospensione possono conferire caratteri negativi al futuro vino, la difficoltà a moltiplicarsi dei

Diagramma di produzione dei vini bianchi

UVE

CERNITA, PIGIATURA e SGRONDO

MOSTO FIORE

(Ossigenazione)

DECANTAZIONE E TRAVASO

Aggiunta di SO_2 e LIEVITI

FERMENTAZIONE

VINO NUOVO

TRAVASI

STABILIZZAZIONE

(CHIARIFICAZIONE E FILTRAZIONE)

CORREZIONE E TAGLI

CHIARIFICAZIONE- REFRIGERAZIONE-FILTRAZIONE

CONFEZIONAMENTO e DISTRIBUZIONE

lieviti in ambiente povero di ossigeno e le temperature basse possono portare anche a blocchi fermentativi.
Per ovviare alle questioni esposte è bene operare una defecazione dei mosti, aggiungere lieviti selezionati (e nutrimento eventuale) e antiossidanti (anidride solforosa) nonché prestare attenzione alla temperatura di fermentazione (uso di termocondizionatori).
In genere, per vini bianchi e rosati (specie se di basso grado alcolico) si ritiene opportuna l'aggiunta di acido sorbico in dosi di circa 8 g/l.

I **vini rosati** sono prodotti che si differenziano dai rossi e bianchi, non solo per il colore ma anche per composizione. La fermentazione con macerazione breve consente una limitata acquisizione di colore e ridotta dissoluzione dei componenti delle bucce. Il colore, a volte poco pronunciato, in altri casi è decisamente più intenso (cerasuoli) e tale da avvicinarsi a quello dei rossi. La tecnologia di preparazione può essere diversa ma in genere si traduce in vinificazione in bianco delle uve rosse o macerazione breve di uve bianche e rosse.
Mai saranno prodotti per mescolanza di bianchi con rossi.

Tab. 5.1

Vitigno	Alcool	Acidità totale	Acidità volatile	Ceneri	Estratto zuc.	Colore
Montepulciano	12,46	5,70	0,43	2,14	25,45	Rosso rubino
Cerasuolo	12,83	6,90	0,41	1,35	21,40	Cerasuolo
Trebbiano	11,23	5,80	0,25	1,20	17,52	Paglierino

5.3. La vinificazione in condizioni avverse

Una serie di fattori possono condizionare il buon andamento del processo fermentativo, ricordiamo in particolare:

- uve ammuffite, grandinate od immature;
- temperature di fermentazione anomale (climi caldi o freddi);
- uve con elevati tenori residui di fitofarmaci.

Sono casi problematici, ai quali l'enologo deve dare una giusta soluzione sebbene agire precocemente o meglio preventivamente al fine di non

a) b)

Fig. 5.1 - Cantina di microvinificazione ideale per trasformare le piccole quantità dei vitigni locali (foto ITA, S. Michele all'Adige).

ottenere prodotti indesiderati sia il metodo d'elezione. In particolare è d'obbligo la cernita delle uve prima che arrivino in cantina, l'operare in condizioni di massima igienicità, il lavorare prodotti di sicura provenienza ed essere sempre attenti e pronti ad intervenire per riportare la temperatura di fermentazione alle condizioni ottimali.

5.4. Composizione del vino

Nel vino è presente una notevole quantità di costituenti, alcuni dei quali ancor oggi da identificare.
I limiti per l'alcool metilico, riferiti ad alcool anidro, sono:

vini rossi e rosati = 0,25 ml/100 ml - vini bianchi = 0,20 ml/100 ml

Quelli per alcuni metalli: zinco = 5 mg/l, rame = 1mg/l, piombo = 0,3 mg/l

Tab. 5.2 - Componenti del vino in grammi per litro

Componenti	**g/l**
Allo stato **GASSOSO**	
- Ossigeno	0,0001-0,002
- Anidride carbonica	
- Anidride solforosa	
Sostanze **VOLATILI**	
Acqua	750-850
Alcool	80-170
Alcoli superiori	0,10-0,50
Esteri	0,5-1,5
Ac. acetico ed altri ac. volatili	0,3-0,5
Ald. acetica	0,05-0,5
Frazione **NON VOLATILE**	
Zuccheri	1-150
Glicerolo	5-10
Acidi organici (tartarico, malico,...)	5-12
Acidi minerali (salificati)	0,5-1,0
Metalli	
- Potassio	0,1-0,5
- Calcio	0,5-1,5
- Ferro	0,1-1,0
- Rame	0,001-0,005
Tannini, sost. coloranti, gomme pectine	0,0005-0,002
	1-8

Nei vini si distinguono una **macrostruttura** (zuccheri, alcool, acidità, estratto e polifenoli) e una **microstruttura** (componenti volatili ed organoletticamente attivi).

Mentre la macrostruttura è modificabile, non altrettanto avviene per la microstruttura, responsabile della tipicità e fortemente legata al vigneto.

In relazione al contenuto di sostanze riduttrici espresse come **zucchero** invertito, i vini si dicono:

- **secchi**, con contenuto massimo di 4 g/l;
- **semi-secchi**, quando ne contengono da 4 a 12 g/l;
- **semi-dolci**, con contenuto compreso tra 12 e 50 g/l;
- **dolci**, quando ne contengono più di 50 g/l.

In base al contenuto di anidride carbonica (come sovrappressione espressa in bar alla temperatura di 20 °C), i vini si classificano in:

- **tranquilli**, meno di 0,5 bar;
- **frizzante**, da 0,5 a 2,5 bar.

5.4.1. *Controlli al vino nuovo*

Al termine del processo fermentativo, è bene valutare il vino dal punto di vista organolettico per rilevare eventuali sensazioni anomale, verificare il colore, rilevare eventuali odori o sapori sgradevoli. È consigliata un'analisi chimica per la valutazione del grado alcolico, il pH, l'acidità totale e volatile, eventualmente per la determinazione dell'acido tartarico e malico (conduzione della malolattica).
Il dosaggio dell'anidride solforosa va effettuato sia rispetto alla totale che nella frazione libera al fine di ricavare un input sul dosaggio effettuato e decidere se procedere ad eventuali ulteriori aggiunte.
L'effettuazione dei saggi di tenuta hanno la loro importanza in questa fase al fine di individuare la sensibilità del vino alle ossidazioni ed altre alterazioni.

5.5. Le correzioni ai vini

Non sempre i vini ottenuti in cantina manifestano un'armonica composizione o caratteri organolettici tali da soddisfare il consumatore. Così, se sono mancate correzioni ai mosti di provenienza o tali correttivi sono risultati insoddisfacenti si deve intervenire sui vini, specie se lo richiede il mercato o se invece il vino ha subito alterazioni impreviste.
Tuttavia, non è facile raggiungere buoni risultati con le correzioni, considerando che il vino presenta molte componenti in equilibrio, equilibrio che rischia di alterarsi e dare non pochi problemi.
In genere, le correzioni si effettuano con tagli o ricorrendo, per lo più su vini alterati, a rifermentazioni. Quando si rende indispensabile ricorrere ai tagli, non vanno mai mescolati vini sani con vini malati, come pure problematica può risultare la mescolanza di vini vecchi con vini giovani. Comunque, dopo i tagli si manifesta sempre un certo intorbidamento che va fatto assorbire lentamente aspettando le precipitazioni.
Secondo la normativa vigente, entro certi limiti, sono permesse anche le rifermentazioni le quali hanno alcuni e precisi obiettivi:

- completare la fermentazione di zuccheri residui nei giovani vini;
- ridare freschezza al prodotto migliorandolo dal punto di vista organolettico o per far superare alcuni odori sgradevoli;

Fig. 5.2 - Travaso (foto Spagnolli).

- conferire un leggero frizzante per l'anidride carbonica che si sviluppa;
- aumentare il grado alcolico.

5.5.1. *Correzioni del grado alcolico*

L'unica via legalmente eseguibile è la mescolanza con vino più alcolico attraverso i tagli (con regole spiegate nel capitolo dedicato ai mosti).
Non è permessa l'aggiunta di alcool né le concentrazioni a caldo e freddo; nei vini speciali, è autorizzata l'aggiunta di mosto concentrato, sifone, saccarosio, ecc.
Normalmente, la diminuzione o l'aumento di alcool nel vino si consegue attraverso i tagli con la regola introdotta negli esempi menzionati nella correzione dei mosti.

Così, ad esempio, se si vuole elevare di 1 grado alcolico un vino a 10,5°, mescolandolo con altro di pari caratteristiche avente 13° alcolici, avremo:

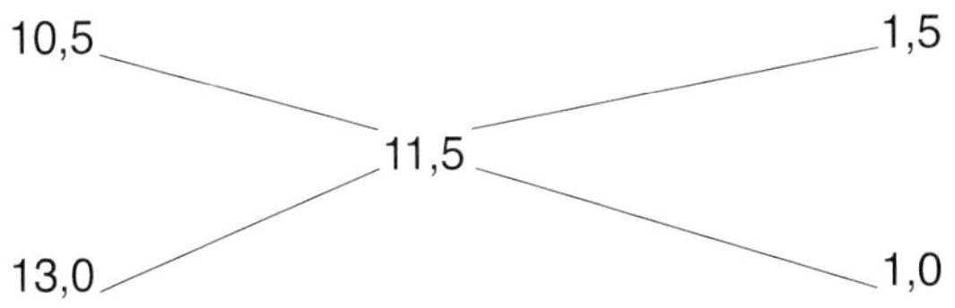

Si dovranno mescolare 1,5 parti di vino a 10,5° con una parte di vino a 13° per avere 2,5 parti di vino a 11,5° alcolici.

5.5.2. *Correzioni dell'acidità*

È la correzione più frequente e permessa sia in senso aumentativo che diminutivo, almeno nella maggior parte delle zone e nazioni vitivinicole.
Oltre che al taglio, si può ricorrere all'aggiunta di acido tartarico. Quest'ultimo, man mano che viene aggiunto tende a salificare, motivo per il quale da un lato porta alla precipitazione di potassio e calcio e dall'altro abbiamo una resa di quasi il 50% rispetto alle attese (100 g/hl fanno aumentare di un grado l'acidità). In genere si aggiungono da 100 a 150 g/hl. L'acido citrico, utilizzato come ferrobloccante, presenta limitazioni legali descritte nei mosti pertanto le sue aggiunte si limitano a 50-60 g/hl. È bene ricordare che aggiunto troppo precocemente può essere meta di trasformazione da parte di alcuni batteri.
La correzione diminutiva oltre che al taglio, ricorre all'aggiunta di sostanze che introdotte nel vino operano una neutralizzazione o una salificazione dell'eccesso di acidi presenti.
Tra le sostanze chimiche permesse ricordiamo:

- **bicarbonato di potassio** (130 g/hl per ridurre di 1 grado l'acidità)
- **tartrato neutro di potassio** (300 g/hl).

Si può usare anche l'**acido metatartarico** il quale funziona da nucleo di condensazione per i cristalli di tartrato acido di potassio impedendo l'accrescimento dei cristalli e la successiva formazione di precipitato. Questo composto si idrolizza lentamente ad acido tartarico tanto che la sua forza si affievolisce e poi scompare.
L'acidificazione come la deacidificazione nei vini produce una modifica di tanti equilibri in relazione alla variazione di pH indotta; in particolare quello tra sali ed acidi organici.

Tab. 5.3 - Titolo alcolometrico internazionale a 20 °C
(d = densità; % vol = alcool corrispondente)

d	% vol	d	% vol	d	% vol
0,98890	8,03	0,98685	9,69	0,98480	11,41
0,98885	8,08	0,98680	9,73	0,98475	11,45
0,98880	8,12	0,98675	9,77	0,98470	11,49
0,98875	8,16	0,98670	9,81	0,98465	11,53
0,98870	8,20	0,98665	9,85	0,98460	11,57
0,98865	8,24	0,98660	9,89	0,98455	11,61
0,98860	8,28	0,98655	9,93	0,98450	11,66
0,98855	8,32	0,98650	9,97	0,98445	11,70
0,98850	8,36	0,98645	10,01	0,98440	11,75
0,98845	8,40	0,98640	10,05	0,98435	11,79
0,98840	8,43	0,98635	10,09	0,98430	11,84
0,98835	8,47	0,98630	10,13	0,98425	11,89
0,98830	8,50	0,98625	10,17	0,98420	11,93
0,98825	8,55	0,98620	10,21	0,98415	11,97
0,98820	8,59	0,98615	10,26	0,98410	12,01
0,98815	8,63	0,98610	10,30	0,98405	12,05
0,98810	8,66	0,98605	10,34	0,98400	12,09
0,98805	8,70	0,98600	10,38	0,98390	12,18
0,98800	8,74	0,98595	10,42	0,98385	12,22
0,98795	8,79	0,98590	10,46	0,98380	12,26
0,98790	8,83	0,98585	10,50	0,98375	12,30
0,98785	8,87	0,98580	10,55	0,98370	12,34
0,98780	8,91	0,98575	10,60	0,98365	12,38
0,98775	8,95	0,98570	10,64	0,98360	12,43
0,98770	8,99	0,98565	10,68	0,98355	12,48
0,98765	9,03	0,98560	10,71	0,98350	12,52
0,98760	9,07	0,98555	10,75	0,98345	12,56
0,98755	9,11	0,98550	10,80	0,98340	12,61
0,98750	9,16	0,98545	10,85	0,98335	12,65
0,98745	9,20	0,98540	10,89	0,98330	12,69
0,98740	9,24	0,98535	10,93	0,98325	12,73
0,98735	9,28	0,98530	10,98	0,98320	12,78
0,98730	9,32	0,98525	11,02	0,98315	12,83
0,98725	9,36	0,98520	11,06	0,98310	12,87
0,98720	9,40	0,98515	11,10	0,98305	12,91
0,98715	9,45	0,98510	11,14	0,98300	12,96
0,98710	9,49	0,98505	11,19	0,98295	13,00
0,98705	9,53	0,98500	11,23	0,98290	13,04
0,98700	9,57	0,98495	11,27	0,98285	13,08
0,98695	9,61	0,98490	11,32	0,98280	13,12
0,98690	9,65	0,98485	11,37	0,98275	13,17

Tab. 5.4 - Corrispondenza tra densità 20°/20° del vino privato dell'alcool ed estratto totale in g/l

Densità	Estratto	Densità	Estratto
1,0050	12,9	1,0080	20,6
1	13,2	1	20,9
2	13,4	2	21,1
3	13,7	3	21,4
4	13,9	4	21,6
5	14,2	5	21,9
6	14,5	6	22,2
7	14,7	7	22,4
8	15,0	8	22,7
9	15,2	9	22,9
1,0060	15,5	1,0090	23,2
1	15,8	1	23,5
2	16,0	2	23,7
3	16,3	3	24,0
4	16,5	4	24,2
5	16,8	5	24,5
6	17,1	6	24,8
7	17,3	7	25,0
8	17,6	8	25,3
9	17,8	9	25,5
1,0070	18,0	1,0100	25,8
1	18,3	1	26,1
2	18,5	2	26,3
3	18,8	3	26,6
4	19,0	4	26,8
5	19,3	5	27,1
6	19,6	6	27,4
7	19,8	7	27,6
8	20,1	8	27,9
9	20,3	9	28,1

5.6. Gli aromi dei vini

Come altri frutti, la bacca dell'uva contiene numerosi composti, alcuni dei quali manifestano una spiccata funzione aromatica. Essi, per gran parte, hanno sede nell'esocarpo della bacca fin dall'invaiatura con quantità, qualità e tipologia fortemente condizionate dal vitigno, dal grado di maturazione delle uve e dall'ambiente pedoclimatico.
Le alte temperature influenzano positivamente la sintesi di essi ma parimenti, una volta formati, possono divenire causa della loro ossidazione e distruzione.
I componenti a funzione aromatica sono presenti soprattutto nella buccia, solo un decimo circa è localizzato nella polpa del frutto. Complessivamente se ne conoscono circa 500 e di essi circa un centinaio sono quelli legati al vitigno e definiti varietali o prefermentativi.
Sono composti che vengono estratti in fase di macerazione e si conservano o subiscono varie evoluzioni durante e dopo il processo fermentativo; ad essi si aggiungono quelli che si formeranno durante la fase di invecchiamento.
Gli aromi sono componenti fondamentali della microstruttura e su di essi si basa la tipicità di molti vini e finiscono quindi per divenire fondamentali, caratterizzando i diversi prodotti.

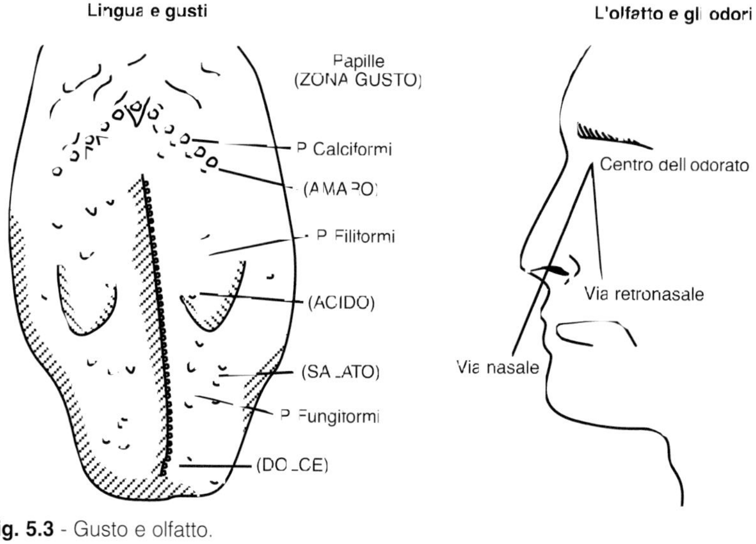

Fig. 5.3 - Gusto e olfatto.

In genere vengono classificati in relazione alla loro origine, come segue.

• **a) Aromi varietali e prefermentativi.** Sono tipici del vitigno, localizzati nella buccia e nella polpa delle uve (linalolo e suoi ossidi, geraniolo, α-terpineolo, isoprenoidi, furanoni dell'uva Isabella, ecc.). Si formano in fase di maturazione delle uve ed il mosto se ne arricchisce durante la lavorazione e macerazione. Alcuni vitigni definiti «neutri», sono poveri di aromi varietali, mentre altri ne sono particolarmente ricchi (Moscato, Malvasia, Traminer, Sylvaner, ecc.).
È importante evitare che si ossidino nella fase iniziale della lavorazione delle uve, ma bisogna favorire la loro estrazione per conservarli dopo la fermentazione. I terpeni sono neutri quando sono legati allo zucchero, sviluppano il potere aromatico dopo che si è rotto tale legame.

• **b) Aromi fermentativi.** Si generano insieme ai prodotti principali nel processo di fermentazione alcolica e malolattica; sono frutto di reazioni chimiche e prodotti dal metabolismo dei lieviti. Rappresentano la frazione più grande degli aromi (alcoli superiori, esteri, ecc.). Di alcoli superiori se ne producono di più, quanto più bassa è la temperatura di fermentazione.
Unitamente agli aromi varietali, quelli fermentativi conferiscono un profumo fruttato ai vini giovani.

• **c) Aromi postfermentativi.** Sono tipici dell'invecchiamento dei vini. Si generano con processi lunghi sia nella fase ossidativa che riduttiva e vanno a conferire sensazioni particolari come quella eterea, aromatica, ecc.. Sono i responsabili del bouquet.
È consigliabile adottare le opportune precauzioni in considerazione che un vino può perdere una parte della componente aromatica:

- per evaporazione;
- sotto azione dell'aria;
- a temperature elevate;
- quando si riduce la componente colloidale.

5.7. La fermentazione malolattica

L'acido malico, presente nel vino in quantità variabile (0,2-0,7%), in particolari condizioni di temperatura ed acidità, può divenire oggetto di

fermentazione ad opera di batteri con conseguente formazione di acido lattico; tale trasformazione prende nome di fermentazione malolattica. Infatti, terminata la fermentazione alcolica od in stretta vicinanza con la medesima, quando le temperature sono prossime ai 18-20 °C, il vino non risulta sufficientemente acido ed alcolico, spesso e spontaneamente riprende a fermentare subendo anche un visibile intorbidamento. Alcuni batteri lattici (*Lactobacillus, Pediococcus* ed *Oenococcus*) attaccano l'acido malico trasformandolo in acido lattico con contemporanea produzione di anidride carbonica e diminuzione dell'acidità totale.
Il fenomeno coincide con una certa maturazione del vino che assume maggiore stabilità, subisce una riduzione dell'acidità totale e miglioramento aromatico. Tuttavia, il fenomeno, gradito per i rossi di una certa acidità e per alcuni bianchi in quanto migliora il gusto, è sempre nocivo per un vino già confezionato che tornerebbe torbido.
Quando la malolattica avviene subito dopo la fermentazione tumultuosa e prima dei freddi invernali, si ottengono vini già pronti ed affinati nel gusto. L'anidride solforosa, per la sua azione antisettica, blocca il fenomeno fermentativo ed allora bisogna dosarla a seconda che il processo sia desiderato precocemente o che risulti opportuno bloccare la fermentazione.
Per evitare sorprese da fermentazione malolattica tardiva ed allo scopo di favorire eventuale inoculazione diretta di fermenti, si consiglia di limitare l'anidride solforosa (con a. totale molto bassa e a. libera possibilmente assente), non operare chiarificazioni spinte che provochino carenze di micronutrienti, mantenere il vino ad una temperatura di 18-25 °C, non avere vini ad alta alcolicità (> di 14 gradi) e con pH del mezzo mai al di sotto di 3,1-3,2. Un controllo sulla malolattica può essere effettuato attraverso la determinazione dell'acido malico nel vino (cromatografica o enzimatica) o attraverso la conta batterica (cellule attive).

5.8. La macerazione carbonica

È una pratica applicata per lo più su uve rosse. Queste, non pigiate, vengono introdotte in contenitori saturati di anidride carbonica al fine di favorire la produzione di profumi freschi, dall'aroma fruttato e gradevoli grazie alle attività enzimatiche di tipo cellulare (formazione di prodotti aromatici, reazioni a carico dell'acido malico, passaggio di una parte di polifenoli e soprattutto dalla buccia alla polpa). L'uva non pigiata, sana ed integra, dopo un periodo di permanenza in anaerobiosi di 7-10 gior-

ni, viene sottoposta a spremitura soffice ed il mosto che si ricava si porta a fermentazione per la durata di 2-3 giorni.
Questa linea di vinificazione si avvale dei risultati di fenomeni biochimici che avvengono spontaneamente nelle bacche dell'uva non pigiate poste in ambiente anaerobiotico realizzato attraverso la saturazione con anidride carbonica. In tali condizioni, oltre alla produzione di alcool e formazione di prodotti secondari, si verifica l'anabolismo e catabolismo dell'acido malico, la diffusione dei polifenoli dalla buccia al mesocarpo ed un attacco alle sostanze proteiche e pectiche.
Trattasi di una vera e propria fermentazione intracellulare ed i vini che ne risultano, manifestano un miglioramento generale dei caratteri, aromatici in particolare (tipici i *vins primeurs* francesi).

6. Stabilizzazione e affinamento

6.1. Stabilizzazione dei vini

Il vino a riposo lascia spontaneamente precipitare diversi componenti in sospensione (formazione delle fecce) ma il processo, detto di chiarificazione spontanea, è lento; esso non soddisfa l'esigenza di portare precocemente il prodotto al consumo e quindi sorge il bisogno di ricorrere a tecniche rapide ed efficaci quali sono la filtrazione e chiarificazione.
La limpidezza è oltretutto un risultato importante da conseguire: un vino torbido si presenta male, è difficile da degustare e dà l'impressione di qualche alterazione in atto nel prodotto.
Stabilizzare il vino significa anche raggiungere altri obiettivi:

- eliminare i lieviti e i batteri che possono divenire causa di alterazioni;
- raggiungere il giusto equilibrio dei componenti in soluzione e quindi la loro stabilità;
- creare le condizioni per il miglioramento organolettico;
- favorire il miglior equilibrio ossido-riduttivo;
- evitare il contatto con materiali e recipienti che possono cedere metalli, odori e sapori indesiderati; ecc.

6.1.1. *La filtrazione*

È una tecnica di separazione mediante la quale il vino, con il passaggio su settori filtranti, lascia i solidi sul filtro e ne esce illimpidito.
La zona filtrante blocca i torbidi del vino per azione di setacciamento ma anche con azione di assorbimento sulla superficie dei canalicoli interni del filtro.
Essendo la limpidezza un carattere indispensabile e di qualità, è importante ricorrere alla filtrazione al fine di eliminare i solidi in sospensione.

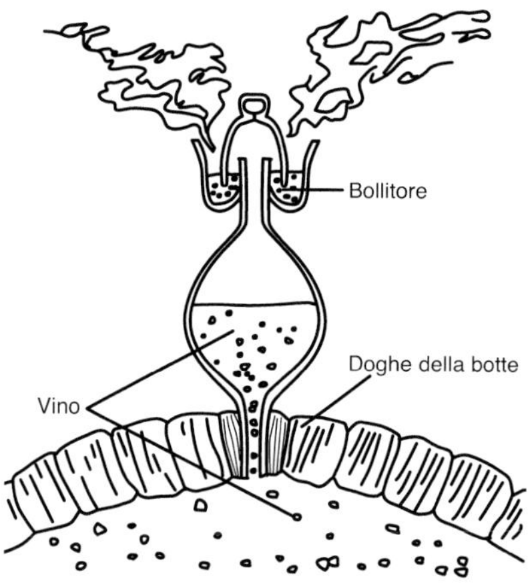

Fig. 6.1 - Colmatore.

Si ricorre alla filtrazione sia per i mosti che per i vini ed in momenti diversi della vinificazione. Può seguire una refrigerazione per eliminare i precipitati insolubili, separare i vini dalle sostanze fecciose, conferire brillantezza ai prodotti prima del consumo ma anche per raggiungere gli obiettivi della sterilizzazione prima del confezionamento.
In relazione al grado di porosità (grandezza dei pori del filtro), il vino che attraversa il filtro lascia in esso i solidi sospesi ed anche i microrganismi. In funzione all'azione, più o meno spinta, la filtrazione può definirsi:

- **sgrossatura.** Lo strato filtrante, dotato di alta porosità opera con azione setacciante privando il vino dei solidi grossolani;
- **illimpidimento.** Separazione dei solidi fini del vino;
- **brillantatura.** Per ottenere una separazione di torbidi finissimi e colloidali;
- **stabilizzazione microbiologica.** Trattamento molto spinto (porosità di 0,45-0,22 μm) che produce anche una separazione di cellule microbiche.

La velocità di filtrazione sarà diversa in relazione alla viscosità del vino, temperatura del liquido, natura e quantità dei solidi da separare, natura dello strato filtrante e suo intasamento.
Le macchine comunemente usate nella filtrazione sono filtri a piastre in cui si mettono strati filtranti e filtri a farina fossile in cui lo strato filtrante si forma man mano che il vino deposita un coadiuvante aggiunto (filtrina) su un setto filtrante. Tutta l'operazione è condotta con l'ausilio di pompe centrifughe che garantiscono un flusso continuo del liquido sullo strato filtrante. Nei filtri a piastre, si adopera in genere cartoni di cellulosa o cellulosa e farina fossile con struttura dei pori scelta in rapporto alle dimensioni delle particelle da separare (tipo K 200, ... K 600); questi soddisfano diversi gradi di filtrazione fino a quella sterilizzante con porosità di 0,2-1 μm.

Fig. 6.2 - Limpidezza e trasparenza sono qualità ricercate (foto Bartolini).

Questo è un sistema utile ed economico nelle piccole aziende in cui si trattano ridotti volumi di vini.

Quando invece il pannello filtrante viene formato aggiungendo filtrina al vino, si adoperano materiali diversi, poco comprimibili, che attraverso la circolazione si depositano sul setto filtrante fino a formare uno strato di filtrazione affidabile; da questo momento in poi il vino passa sul filtro e si illimpidisce. Sono filtrine:

- la **perlite**, materiale derivato da roccia vulcanica che dopo cottura evapora l'acqua contenuta e si trasforma in sfere porose che vengono successivamente macinate;
- la **farina fossile** derivato dalla macinazione di scheletri di diatomee con tipi ricavati per diversa permeabilità;
- il **PVPP**, prodotto con struttura a rete trasversale particolarmente adatto a trattenere i polifenoli.

6.1.2. *La chiarificazione*

È un trattamento che ha per obiettivo l'illimpidimento dei vini e che si sostanzia in un'aggiunta al vino di sostanze colloidali (organiche od inorganiche). Queste, in virtù della loro carica, si legano alle sostanze intorbidanti neutralizzandole gradatamente con conseguente precipitazione sul fondo del contenitore. Ovviamente il fenomeno è ostacolato da vari fenomeni che impediscono la neutralizzazione della carica: colloidi protettori che sono presenti nel vino, alte temperature, acidità troppo elevata o troppo bassa.

6.1.3. *I chiarificanti e la loro natura*

Chiarificanti inorganici

Bentonite. Colloide inorganico del tipo montmorillonite (silicato). Agisce da colloide elettronegativo, quindi è attivo nei confronti delle proteine e dei metalli. Buono per i vini bianchi, nei rossi crea un certo impoverimento di sostanze coloranti.
Silice. Colloide inorganico elettronegativo, con le proteine forma complessi di piccole dimensioni che precipitano.

Chiarificanti organici

Albumina. Tipica quella dell'uovo, si comporta da proteina elettronegativa. In commercio è presente in polvere al 12% di proteina.
Caseina. Ottenuta dal latte, elettropositiva, capace di impoverire il vino sia di polifenoli che di ferro.
Ittiocolla. Proteina derivata dalla vescica dei pesci, si commercializza in fogli, è elettronegativa.

Tab. 6.1 - I caratteri particolari dei trattamenti di stabilizzazione

Filtrazione	Chiarificazione
– occorrono macchine	– si addizionano sostanze al vino
– la pratica si compie in tempi brevi	– l'operazione richiede alcuni giorni
– si esegue su mosti e vini in qualsiasi momento	– si effettua su vini a riposo
– elimina quasi esclusivamente i solidi in sospensione	– elimina oltre ai solidi anche i colloidi ed altre sostanze in soluzione

Gelatina. Proteina ricavata dal collagene delle ossa. Ha carica positiva, va bene per i vini ricchi in tannino.
Sangue. È sangue di bue defibrinato, ha carica positiva ed ha azione piuttosto rapida.
Tannino. Viene aggiunto in fase di chiarifica per favorire l'azione di chiarificanti proteici.

6.2. La centrifugazione

I vini nuovi come pure i mosti presentano una considerevole quantità di solidi sospesi la cui sedimentazione richiede tempi notevolmente lunghi che risulterebbero incompatibili con una lavorazione razionale.
Una separazione centrifuga, procedendo con sistema naturale ed attraverso la rotazione degli organi, fa sì che il materiale feccioso, durante la rotazione, venga allontanato verso l'esterno. Il sistema, pur utilizzando macchine di un certo costo (centrifughe), è capace di lavorare quantità considerevoli di prodotti in tempi sufficientemente ridotti.
La macchina, formata da una girante centrale, porta tanti piatti lavoranti sui quali va a disporsi il liquido le cui parti solide, per azione centrifuga, vengono a collocarsi esternamente, a separarsi e quindi scaricati anche in automatico.
La centrifugazione compie una buona sfecciatura dei mosti in fermentazione; se usata nei vini, permette di allontanare i colloidi, lieviti, sostanze coloranti insolubili, ecc.
È tuttavia da tenere presente che se la centrifuga non funziona perfettamente, si può avere l'inconveniente di solubilizzare aria nel liquido in centrifuga e quindi introdurre una percentuale di ossigeno nel vino che a lungo potrebbe diventare responsabile di fenomeni ossidativi indesiderati.

6.3. La refrigerazione

Vini e mosti contengono composti ad alta concentrazione che possono rendersi insolubili e dare luogo a precipitazioni che si ritroverebbero ben presto sul fondo dei contenitori. Alla precipitazione di tali componenti concorrono:

- la formazione di notevoli quantità di alcool durante la fermentazione;
- la composizione più o meno ricca in acidi e sali poco solubili dei mosti e vini;

a)

b)

Fig. 6.3 - Centrifuga a) e impianto di refrigerazione b).

- la presenza di grandi quantità di sostanze gelatinose e colloidali;
- l'abbassamento della temperatura nei locali e nei recipienti;
- l'ambiente poco acido.

È noto infatti come al termine dei freddi invernali, il vino, specie se giovane, presenta copiose fecce ed in particolare precipitazioni cristalline. Queste ultime sono costituite per lo più da sali di potassio e calcio (tartrati, bitartrati, ecc.).
Tenuto conto che una fermentazione in bottiglia o la presenza di precipitati di qualsiasi natura in prodotti in commercio risulta inaccettabile, è bene accelerare o far avvenire precocemente, in fase di stabilizzazione, la precipitazione e provvedere alla successiva eliminazione dei sali insolubili.
Il trattamento a freddo che raggiunge tale obiettivo prende il nome di refrigerazione e consiste nel portare il vino (od il mosto) ad una temperatura prossima a quella di congelamento. In tal modo, i sali poco solubili in una soluzione idroalcolica come il vino, precipitano in cristalli quando il vino viene raffreddato (–3, –5 °C).
Importante è la scelta della temperatura di refrigerazione la quale sarà tanto più bassa quanto più alto risulta il grado alcolico del vino e dovrà tenere conto del tenore in estratto (maggiore l'estratto, più bassa sarà la temperatura di refrigerazione).
Orientativamente la temperatura si calcola nel modo seguente:

$$\text{Temperatura di refrigerazione} = -(\text{grado alcolico}/2 - 1)$$

Così, in un vino di 12 gradi alcolici T. ref. = – (12/2 –1) = – 5 °C

L'abbassamento della temperatura è bene avvenga in modo rapido in quanto lo shock termico crea un disequilibrio cui consegue la formazione di microcristalli dai quali, per aggregazione, si formano i macrocristalli che in breve tempo raggiungono il fondo del recipiente.
La refrigerazione viene anche impiegata quando si vuole saturare un vino di anidride carbonica (es. vini frizzanti o gassati), in considerazione del fatto che la solubilità di tale gas nel vino, è alta a freddo e bassa alle temperature elevate.
La refrigerazione dei mosti in fase di chiarifica permette un uso ridotto dell'anidride solforosa.

6.4. Pastorizzazione

È un trattamento a caldo dei vini che ha come obiettivo la stabilizzazione del prodotto attraverso l'inattivazione delle forme enzimatiche e microbiche responsabili di diverse alterazioni (stabilizzazione microbiologica).
Il trattamento può effettuarsi sul vino sfuso prima del confezionamento od in bottiglia e le temperature da raggiungere sono legate a diversi fattori: alcolicità del vino, tempo di trattamento, acidità, contenuto in anidride solforosa, tipo di microrganismo da inattivare, ecc.. In genere, le temperature più frequentemente adottate sono di 75 °C per un minuto fino a 90-100 °C per qualche secondo.
Tuttavia, limitare la trattazione a quanto esposto è riduttivo in quanto il processo non è così semplice e comporta anche una serie di riflessi sugli altri componenti del vino (proteine, metalli, ossigeno, ecc.). È bene ricordare che in relazione alla tipologia di vino, alle temperature e tempi scelti, si possono manifestare: denaturazione termica delle proteine (perdita di acqua e rottura dei legami), combinazione di amminoacidi e zuccheri con formazione di composti dell'imbrunimento, degradazione organolettica, perdite di alcool, perdite in aromi, accelerazione dei fenomeni ossidativi a carico di alcuni costituenti, ecc..
Con riferimento alla composizione il fenomeno sarà manifesto nei mosti e nei vini dolci ricchi in proteine, rispetto ai vini in cui tali composti si presentano meno concentrati.
Con riferimento alla loro composizione alcuni vini sopportano meno bene questo trattamento che in molti casi può essere sostituito da una filtrazione sterile o amicrobizzante. La pratica, anche in considerazione degli effetti secondari descritti (sapore di cotto, ecc.), dei riflessi poco positivi sul vino, dei costi, ecc., è ormai in disuso.
È ormai assodato che una filtrazione sterile risolve molti problemi che un tempo trovavano soluzione solo con la pastorizzazione.

6.5. Travasi

Nei vini in generale ed in quelli nuovi in particolare, solidi sospesi, cristalli di tartrati, sostanze proteiche, lieviti, ecc. subiscono una sedimentazione e formano fecce sul fondo dei contenitori. Queste sono tanto più abbondanti quanto più giovane è il vino e quanto più bassa è la temperatura ed aumentano con il crescere del tenore alcolico.

I depositi, ricchi anche di sostanze proteiche, con il tempo diventano sede di degradazione e la loro decomposizione finisce per conferire al vino odori e sapori sgradevoli (sapore di feccia). Pertanto, man mano che si formano e decantano vanno separate dal vino perché l'eventuale ripresa di una fermentazione comprometterebbe tra l'altro la limpidezza del prodotto.
La fase di separazione del vino dalle fecce va indicata con il termine di *travaso*. Il vino, con l'ausilio di pompe, viene spostato in altri contenitori vinari. I travasi iniziano prima dell'inverno, poi proseguono al termine dell'inverno dopo la grande spogliazione, si ripetono travasi meno frequenti fino al vino limpido.
Dopo la svinatura e fino all'inizio dell'estate, si effettuano per lo più 4 o 5 travasi nei bianchi e 3-4 nei rossi. In genere, nel primo travaso si evidenziano le maggiori quantità di fecce pari a circa l'1,5-2,5%. Per sopperire al calo del volume, il vino privato delle fecce viene posto in contenitori più piccoli e addizionato dello stesso vino disponibile, frazionando la quantità in damigiane, ecc..
L'operazione di travaso generalmente va effettuata evitando il contatto con l'aria (l'ossigeno favorirebbe le alterazioni del colore o della struttura del vino). Il suggerimento è tanto più importante quanto meno protetto dalle ossidazioni è il vino (privo di anidride solforosa), più per i vini bianchi meno per i rossi, ecc.. Si ricorre al travaso all'aria solo quando il vino deve perdere odori sgradevoli.

6.6. Colmature

In fase di conservazione, il vino tende a diminuire di volume ovvero si verifica quello che va sotto il nome di *calo*.
La riduzione di volume è dovuta alle basse temperature, alla perdita dei gas disciolti nel vino, all'evaporazione ed assorbimento attraverso le pareti del recipiente (eccetto il caso di vetroresina od acciaio), alla formazione di sali ed altri composti insolubili, ecc.
Il calo è più evidente nei piccoli recipienti, in ambienti secchi, più nei vini giovani che nei vecchi, più in recipienti porosi che in quelli poco permeabili, maggiore nei contenitori meno spessi ed a più alta superficie evaporante.
Conseguenza del calo è che i recipienti rimangono scolmi ed il vino presenta più superficie esposta all'aria e quindi soggetta all'influenza negativa dell'ossigeno.

Specie nel primo anno il cantiniere deve effettuare un controllo costante del calo, riempiendo le botti dello stesso vino, aggiungendo gas inerti (azoto, anidride carbonica), adottando appositi colmatori, distribuendo il vino in recipienti più piccoli, mettendo pasticche producenti isosolfocianato di allile (ammesso dalla legislazione purchè non lasci tracce nel vino).
In alcuni contenitori «semprepieni» è possibile chiudere lo spazio lasciato libero dal calo con l'abbassamento del coperchio galleggiante.

6.7. Invecchiamento dei vini

La maggior parte dei vini si dimostra pronta al consumo in tempi brevi dalla produzione in quanto si manifestano già i caratteri giusti per la messa sul mercato. Altri, invece, sono capaci di sprigionare tutte le energie e qualità di cui sono in possesso solo dopo un periodo di conservazione particolare. Per questi ultimi, si deve procedere con una particolare tecnica che prende il nome d'invecchiamento e che un tempo riservata ai soli vini rossi, oggi viene estesa anche ad alcuni bianchi per un periodo più breve. Cioè, mentre la maggior parte dei vini è pronta per il consumo dall'ottenimento alla primavera successiva, quando i vini vengono sottoposti all'invecchiamento vanno al consumo dopo 1, 2 o 3 anni.
È evidente che la fase d'invecchiamento risulta essere un periodo in cui le trasformazioni che avvengono nel vino sono tali da compiere in essi miglioramenti qualitativi di un certo rilievo. Per ogni vino, in sostanza, possiamo dire che esiste un momento in cui il vino è giovane, segue la maturazione e l'invecchiamento, infine il vino peggiora le proprie caratteristiche divenendo 'decrepito'.
L'invecchiamento può avvenire in botti o in bottiglia, in recipienti diversi e specifici come i fusti di legno (barriques) ed il processo si compie con tenori di umidità, luminosità e temperature studiate.
Cosa succede durante l'invecchiamento? I fenomeni sono diversi in rapporto al tipo di vino, di contenitore, ecc., tuttavia, in generale possiamo riassumere alcune importanti trasformazioni che determinano cambiamenti del colore, del bouquet e del gusto.

- **Precipitazioni.** Le sostanze solide, colloidali ed i sali, con il tempo, in ambiente freddo subiscono insolubilizzazioni e precipitano al fondo dei recipienti.
- **Fenomeni chimici.** Diversi composti in particolari condizioni parteci-

pano a vere e proprie reazioni (acetalizzazione, esterificazioni, ecc.) producendo altri componenti che conferiscono al vino nuovi aromi (aromi terziari).

- **Ossidazioni e riduzioni.** A seconda dei contenitori e della loro permeabilità all'ossigeno si instaurano reazioni diverse con produzione di nuovi composti. In bottiglia prevalgono i fenomeni di riduzione mentre in botti di legno quelli ossidativi.

Molti altri fenomeni accompagnano quelli descritti, tra i quali:

- fenomeni microbiologici;
- riduzione dell'acidità fissa;
- perdita di gas e contrazione del volume;
- piccole riduzioni dei componenti volatili;
- lieve aumento di acidità volatile (acido acetico ed altri da fenomeni ossidativi).

Le condizioni in cui far avvenire l'invecchiamento andranno studiate in rapporto al tipo di vino e sono frutto di una sperimentazione che nel tempo ha collaudato le fasi e le qualità del prodotto finito. Così mentre i bianchi mal sopportano le ossidazioni della sostanza colorante, meno vulnerabili sono i rossi, nei quali, le sostanze aromatiche si formeranno in periodi più lunghi mentre nei vini bianchi si raggiunge in tempi più brevi l'affinamento degli aromi. Molto importante e condizionante il fenomeno è la qualità della materia prima. Da qui l'importanza del vitigno e del clone, l'annata di produzione del vino, l'ambiente pedoclimatico in cui si è prodotta l'uva. Anche le tonalità vivaci ed intense dei vini rossi risentono dalla macerazione, della solfitazione ed acidificazione cui sono stati sottoposti i vini in fase di ottenimento.
In genere, le condizioni migliori si hanno a temperature relativamente basse (10-14 °C), con scarsa luminosità e con giusto grado di umidità per vini a riposo.

6.7.1. *Invecchiamento in botti di legno (barriques)*

L'uso dei contenitori in legno nelle cantine risale a tempi remoti; fino a qualche decennio fa erano di legno i contenitori per la pigiatura, i tini di fermentazione, le botti per la conservazione e l'invecchiamento. Con il passare del tempo, il cemento prima, vetroresina e l'acciaio poi, hanno preso il sopravvento sostituendo il legno che oggi viene quasi esclusivamente impiegato come contenitore per l'invecchiamento dei vini.

a)

b)

Fig. 6.4 - Barriques per la fase di maturazione-invecchiamento del vino (foto Spagnolli).

Il legno durante l'invecchiamento esalta, per cessioni e porosità, le qualità di molti vini in rapporto alla propria composizione ma anche in virtù dei fenomeni pirolitici di rigenerazione cui il legno viene sottoposto. Si impiegano botticelle (barrique) per lo più di rovere del contenuto medio di 225 l dopo che sono state sottoposte al trattamento di tostatura.
La parte interna della barrique si impregna di vino per 3-5 mm.
In tali recipienti sufficientemente permeabili all'ossigeno, il vino scambia diversi componenti tra i quali quelli tannici ed odorosi e, dopo un tempo ottimale, affina e migliora i propri caratteri arricchendosi di tannini nobili, di pregevoli componenti dell'aroma e subendo lievi modificazioni nella composizione chimica, acquisendo infine armonia e rotondità. Nel vino in barrique, l'ossigeno favorisce la polimerizzazione dei tannini con antociani e conseguente formazione di composti che danno al vino stabilità di colore e perdita di astringenza. In bocca, il vino offre una sensazione gustativa nuova ed ampia legata alla natura del legno.
La permanenza dei vini bianchi e rossi in barrique è studiata nei tempi e modi in relazione a diversi parametri legati ai caratteri dei vini.
Il contatto tra vino e superficie della barrique è un rapporto intenso e migliorativo che si realizza in tempi relativamente brevi; effetti molto più blandi sono quelli che si ricavano nel vino fatto invecchiare in botti di legno da 10 e più hl.
La barrique in genere si usa fino a tre volte o tre passaggi del vino durante il quale il tannino ceduto si riduce gradualmente. Considerato che la barrique dopo circa due cicli va rinnovata e che la stessa ha un certo costo, si comprende come il vino all'invecchiamento si arricchisca di un costo di produzione aggiuntivo.
Durante la permanenza del vino in barrique, è bene sorvegliare costantemente il calo (5-6%), intervenendo con adeguate colmature o ponendo colmatori sul foro del cocchiume.

6.8. La spumantizzazione

Gli spumanti (dal latino *spumen*) sono particolari vini bianchi, rossi od anche rosati ottenuti con processo di rifermentazione attraverso il quale un vino base subisce un arricchimento di anidride carbonica. Accanto ad essi vi sono tuttavia anche prodotti di minor pregio (spumanti artificiali), in cui l'anidride carbonica è stata aggiunta direttamente al vino.
Gli spumanti sono prodotti molto interessanti, fini e delicati, il cui consumo è in aumento; un tempo abbinati a ricorrenze, oggi vengono spes-

Fig. 6.5 - Chardonney: vitigno pregiato per spumanti e Champagne (foto Spagnolli).

so serviti non solo come aperitivi ma anche con piatti originali e rari. In Italia, la produzione di spumanti è decisamente importante per qualità e quantità ponendosi al quarto posto al mondo; ci precedono Francia, Germania ed ex Unione Sovietica. L'Italia esporta spumante soprattutto in Germania (47%) e U.S.A. (15%). Considerate le diverse tipologie DOC e DOCG (Franciacorta, Oltrepò Pavese, Trento, Asti, Prosecco, ecc.), mediamente, negli ultimi cinque anni, sono stati commercializzati poco più di 100 milioni di bottiglie.
In genere, un buon spumante, oltre agli aspetti di limpidezza ed aromi, presenta nel bicchiere uno svolgersi persistente di bollicine (perlage) a grana fine.
La tecnica di produzione è originaria della Francia (Champagne) ove si preparavano gli spumanti partendo direttamente da uve pregiate quali il Pinot nero, il Pinot meunier e lo Chardonnay. Oggi, si preparano spu-

manti naturali in tante parti del mondo, particolarmente in Francia ed Italia, partendo anche da altri vitigni quali: Pinot, Chardonnay, Prosecco, Moscato, Verdicchio, Passerina, Brachetto, Lambrusco, Nebbiolo, ecc.

6.8.1. *La tecnica di spumantizzazione*

Primo passo per la produzione degli spumanti è il raggiungimento di un buon vino base; partendo da vitigni scelti con ammostatura di uve sane e pressature soffici, si opera una correzione, decolorazione e stabilizzazione del mosto (buona acidità e sufficiente grado zuccherino).
Si conduce la fermentazione con piede di fermentazione ottenuto con lieviti selezionati ed il vino nuovo viene chiarificato e filtrato. La primavera successiva, il vino viene sottoposto a rifermentazione dopo aggiunta di sciroppo zuccherino e fermenti adeguati (tipici del prodotto da ottenere, capaci di operare in ambiente sufficientemente ricco di alcool e di raggrupparsi e precipitare al fondo dopo la fermentazione).
La quantità di zucchero da aggiungere al vino base va calcolata considerando che, in media, la produzione di una atmosfera di pressione si raggiunge con la fermentazione di 400 g di zucchero per hl. Poiché lo spumante dovrà avere almeno 3,5 atmosfere di pressione e considerate le perdite di pressione nelle successive fasi di lavorazione, si dovrà aggiungere zucchero per avere inizialmente una pressione di circa 6 atmosfere.
I vini vengono quindi messi in autoclavi (metodo Charmat) o in bottiglia (metodo classico o Champenois) in cui avviene un processo piuttosto lento di rifermentazione in cui l'anidride carbonica, prodotta dal processo rifermentativo, si incorpora gradatamente al vino.
Le fasi di lavorazione dei vini base per produrre lo spumante si posso-

Tab. 6.3 - Le fasi dei due metodi di spumantizzazione

Metodo CHAMPENOIS	Metodo CHARMAT
Preparazione del vino base	**Preparazione del vino base**
Stabilizzazione	Stabilizzazione
Aggiunta di lieviti e soluzione zuccherina	Aggiunta di lieviti e soluzione zuccherina
Imbottigliamento	
Fermentazione in bottiglia	**Fermentazione in autoclave**
Sboccatura ed aggiunta di liquore	Imbottigliamento isobarico
Tappatura ed etichettatura	Tappatura ed etichettatura
Confezionamento e distribuzione	Confezionamento e distribuzione

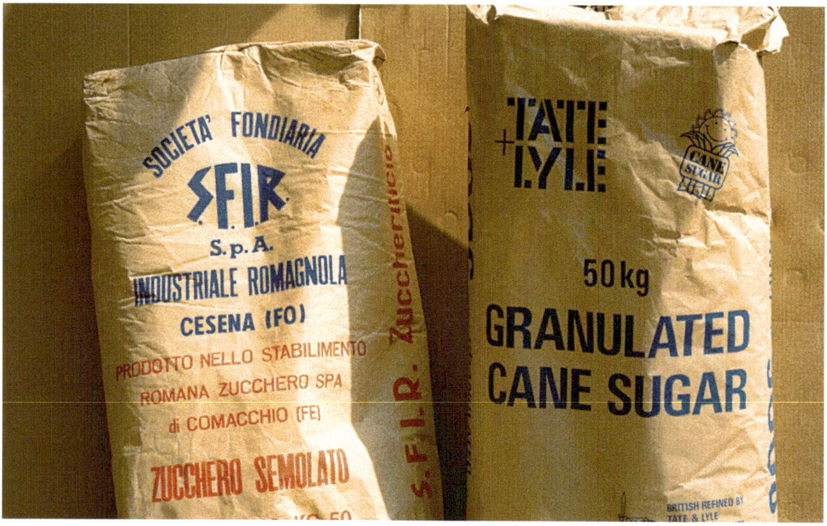

a)

b)

Fig. 6.6 (a-b) - Tirage: è la fase di spumantizzazione dove si aggiungono al vino base lo zucchero, il lievito e le relative sostanze nutritive. a) Zucchero di barbabietola e zucchero di canna ancora imballati per il tirage (foto Spagnolli). In b) soluzione con zucchero di barbabietola (a sinistra) e a destra soluzione di zucchero di canna.

no schematicamente riassumere come in Tabella 6.3.
Facile da intuire il processo in autoclave, descriveremo ora succintamente quanto avviene in bottiglia nel metodo Champenois.
Le bottiglie robuste di colore verde scuro e tappate con tappo corona da rimuovere in fase successiva, vengono poste in cantine fresche (12-15 °C) e poco illuminate in cui si compie la rifermentazione. Dopo un certo periodo le bottiglie rovesciate vengono allocate su cavalletti di legno (pupitres) dove vengono periodicamente ruotate e gradualmente portate in posizione verticale (remuage). In questa fase il deposito raggiunge gradualmente il collo della bottiglia e successivamente verrà rimosso con la sboccatura (degorgement) da effettuarsi a mano (à la volée) o con una soluzione fredda che ghiaccia un tratto del collo (à la glace). Le bottiglie vengono addizionate con liquore di spedizione o di prodotto simile di grande qualità per colmarle ed arricchirle di aromi e poi chiuse con tappo di sughero. Dopo un po' di tempo lo spumante è pronto per il consumo.

Fig. 6.7 - Zucchero in soluzione per il tirage (foto Spagnolli).

Nella zona dello *Champagne*, si adottano in genere le seguenti fasi di lavorazione:

vendemmia - tre stadi di pressatura dopo raccolta e selezione delle uve - fermentazione del mosto - assemblaggio di prodotti provenienti da diverse vigne, zone ed annate - messa in bottiglia con aggiunta di zucchero di canna e lieviti - fermentazione lenta in bancali - messa in pupitres - remuage - sboccatura per l'evacuazione del deposito - addizione del liquore di dosaggio - tappatura ed etichettatura.

Fig. 6.8 - Riempimento e tappatura con tappo a corona per la fermentazione in bottiglia (foto Spagnolli).

a)

Fig. 6.9 - Congelamento del collo delle bottiglie a); sboccatura meccanica (degorgement) per l'eliminazione del deposito congelato b); tappatura dopo il rabbocco con vino

b)

c)

6.9. Imbottigliamento

6.9.1. *La preparazione del vino*

È una fase che ha come obiettivo l'ottenimento di prodotti pronti per il confezionamento ovvero che abbiano raggiunto un profilo e caratteristiche generali tali da renderlo gradito dal punto di vista organolettico, privo di difetti e soprattutto stabile per il tempo desiderato.
Gli interventi saranno diversi in rapporto al tipo di vino e potranno comprendere: la degustazione e l'analisi, il passaggio in barrique, la stabilizzazione tartarica, la chiarificazione, la filtrazione sterile, ecc..
Un trattamento minimo viene in genere riservato ai rossi mentre una particolare attenzione viene riservata ai bianchi. Così, dopo una chiarifica del prodotto e la decantazione, si esegue una filtrazione e successivamente il vino viene posto a refrigerare al fine di promuovere una buona stabilizzazione tartarica. L'aggiunta di eventuali coadiuvanti di protezione (gomma arabica, anidride solforosa, sorbato di potassio, acido citrico, acido ascorbico. ecc.) precede una filtrazione sterilizzante al fine di assicurare un'adeguata stabilità biologica.

È da tenere presente che le diverse fasi di lavorazione che precedono l'imbottigliamento determinano purtroppo un aumento del contenuto di ossigeno disciolto nei vini, fino a saturarli. Occorre pertanto adottare tutta una serie di misure cautelative prima di imbottigliare il prodotto, ricorrere all'impiego di gas inerti (tra questi, il più indicato ed economico sembra essere l'azoto).

Vino sterile
Lavaggio bottiglie → Imbottigliamento → Tappatura → Capsulatura → Etichettatura

6.9.2. *L'imbottigliamento vero e proprio*

La riempitrice, macchina centrale del processo, assolve al compito di mettere in bottiglia i vini. Può agire a livello costante (riempie fino al livello prefissato) o in modo volumetrico scaricando un volume fisso di vino per ogni bottiglia. Essa viene scelta tra i tanti tipi in commercio in

a)

Fig. 6.10 - Fase finale di imbottigliamento industriale (a); confezionamento per la vendita (b); contenitori (bottiglie e fiasco) (c) (foto Archivio Edagricole).

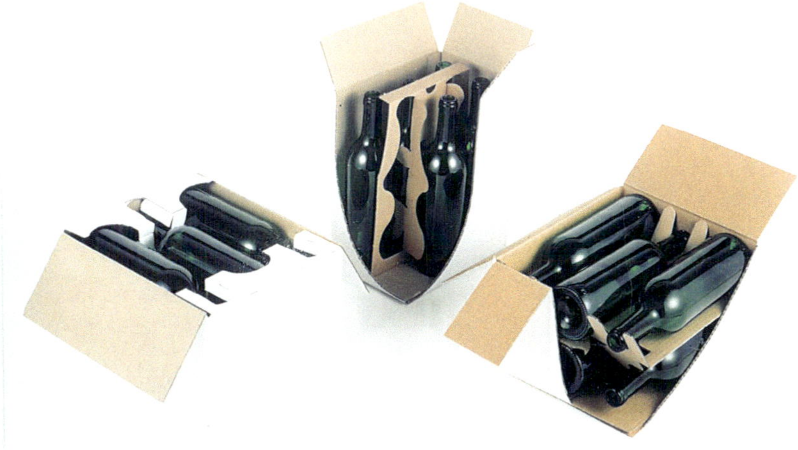

b)

c)

rapporto alle esigenze della cantina (velocità bassa o alta). Il suo dimensionamento condiziona tutte le macchine e le operazioni che la precedono o la seguono.

Al riempimento segue la fase di tappatura ove una macchina posiziona il tappo su bottiglie che arrivano man mano con giusto posizionamento. In questa fase, una stella produce una leggera deviazione della bottiglia dal

Fig. 6.11 - Imbottigliamento industriale (foto Spagnolli).

nastro trasportatore e nel contempo, un supporto posiziona la bottiglia sotto la testa di tappatura per poi abbassarla e riposizionarla in modo corretto nel nastro trasportatore. L'operazione è coordinata con un alimentatore di tappi posto in alto rispetto alla testa di tappatura e che garantisce un flusso costante e regolare dei tappi medesimi.

Le bottiglie complete di tappo, vengono arricchite di capsule (dall'alto) ed etichette (incollate da un lato). Le capsule provenienti dall'alto vengono allocate per via meccanica o pneumatica sul collo delle bottiglie ove un rullo riscaldato provvede a modellare le capsule al collo delle bottiglie.

L'etichetta, studiata in conformità alle vigenti normative e realizzata a giusto ornamento, viene prelevata ed orientata verso la bottiglia dalla macchina etichettatrice, quindi incollata in modo regolare prevenendo pieghe e strappi.

Tutte queste operazioni vengono realizzate in continuo e sono in massima parte automatizzate. È sempre importante la regolarità del funzionamento, l'economicità del processo, l'igienicità delle fasi e la sicurezza dei lavoratori.

Particolari attenzioni vanno rivolte alla:

- pulizia dei locali (pareti, soffitti, macchine, ecc.);
- facilità di risciacquo dopo perdite accidentali di prodotti;
- resistenza, lavabilità, antisdrucciolo dei pavimenti;
- pulizia ed igiene delle bottiglie;
- sterilità dei tappi ed organi di riempimento;
- presenza di sensori per interrompere l'alimentazione delle macchine in caso di ispezione.

6.10. Ossigeno e vino

Il contatto del vino con l'ossigeno spesso si traduce in una preoccupazione per il cantiniere. Molte sono le occasioni in cui il vino può arricchirsi di ossigeno (travasi, refrigerazioni, filtrazioni, imbottigliamento, ecc.) ed altrettante sono le alterazioni del colore, limpidezza, profumo e gusto che vedono l'ossigeno come causa principale.
Le quantità di ossigeno che un vino può assorbire sono variabili: un vino a riposo ed a contatto con l'aria può assumerne facilmente 0,5 mg/l, in un travaso con sbattimento il vino può arricchirsi di 4-5 mg/l di ossigeno, in botte di legno ed in un anno può prenderne 4-5 mg/l, lo spazio di testa della bottiglia può contenere 4-5 mg di ossigeno ecc.. Naturalmente la quantità assunta è in funzione di diversi parametri:

- temperatura del vino (maggiore alle basse temperature);
- la presenza nel vino di sostanze ossidabili o ossidanti intermedi (metalli, polifenolossidasi, sostanze fenoliche);
- quantità di alcool e di anidride solforosa;
- il tipo di contenitore (meno in vetro rispetto al legno), ecc..

Per evitare l'azione negativa per eccesso di ossigeno vengono adottati alcuni rimedi:

- evitare le occasioni di contatto ossigeno-vino;
- minimizzare le turbolenze durante il riempimento delle bottiglie (normalmente durante il riempimento si sciolgono nel vino 0,5 mg/l di ossigeno);
- riduzione od eliminazione delle sostanze ossidabili contenute;
- impiego di gas inerti (azoto in particolare);
- ricorso ad additivi permessi (anidride solforosa, acido ascorbico).

Gli effetti dell'ossigeno nei mosti e vini sono oggetto di continua e ricca ricerca da cui si evince che:

- i vini bianchi ottenuti da mosti ossigenati manifestano una confortante stabilità fenolica;
- l'aerazione controllata (microssigenazione) effettuata alcuni mesi prima dell'imbottigliamento garantisce maggiore intensità e stabilità di colore;
- la giusta ossidazione nei rossi tende ad eliminare alcuni composti ridotti e sgradevoli a vantaggio degli aromi tipici del vitigno;
- l'eccesso di ossigeno nei rossi degrada copiose quantità di tannini e contribuisce alla perdita degli aromi;
- l'ossigenazione di un vino pronto per il confezionamento è sempre negativa in quanto determina una generale degradazione qualitativa.

7. Difetti, alterazioni e frodi

A volte, il vino accusa alcune anomalie nelle sue caratteristiche. Tali difetti od alterazioni degradano la qualità del prodotto e non sempre risulta agevole porre rimedio a tali inconvenienti. Sono causati da microrganismi, intorbidamenti di natura chimico-fisica, alterazioni enzimatiche, odori e sapori sgradevoli acquisiti per presenza di sostanze estranee o per contatto, ecc..
Di seguito proponiamo alcune tra le cause più comuni legate al processo di lavorazione:

- maturazione o raccolta non ottimale o tempestiva;
- vinificazione di uve malate (*Botrytis*) o acerbe;
- presenza di residui di fitofarmaci;
- uso di contenitori non puliti;
- contatto di uve, mosti e vini con metalli;
- fermentazioni a temperature troppo alte o molto basse;
- prolungato contatto con l'ossigeno;
- irrazionale impiego dell'anidride solforosa o suoi sali;
- mancato uso di lieviti specifici;
- composizione squilibrata dei mosti o vini;
- contatto con batteri od enzimi agenti delle malattie;
- cattiva conservazione (contenitori scolmi, contatto con fecce, ecc.).

7.1. Difetti

Odore di idrogeno solforato. È il tipico odore di uova marce che può essere presente in un vino. Lo zolfo contenuto (anche come eccesso di anidride solforosa) in fermentazione ed in assenza di ossigeno produce idrogeno solforato responsabile del cattivo odore; parimenti, la reazione dello zolfo con l'alcool dà origine a etil-mercaptani che conferiscono al vino odore di aglio. Per evitare tale difetto, bisogna fare attenzione nell'uso dello zolfo, anidride solforosa e suoi sali. La cura prevede un travaso all'aria, l'aggiunta di a. solforosa per formare zolfo colloidale che precipita o il contatto con il rame che in presenza di acido solfidrico forma solfuri (che precipitano). L'uso di carboni attivati è consigliabile per l'azione deodorante.

Odore di anidride solforosa. È causato da un eccessivo o comunque non oculato impiego dell'anidride solforosa nel mosto e vino che conferisce al prodotto odore pungente dovuto alla frazione libera. Si consiglia un arieggiamento e soprattutto un uso accorto del prodotto.

Tab. 7.1 - L'instabilità dei vini

Tipo	Cause	Manifestazioni	Rimedi
Rifermentazioni	Batteri, lieviti presenti nel vino o nella catena di lavorazione. Presenza di zuccheri e sostanze di crescita per lieviti o batteri	Alterazioni della limpidezza e dei caratteri organolettici	Filtrazioni a carattere sterilizzante
Precipitazioni	Insolubilizzazioni da tartrati	Insolubilizzazioni da basse temperature o innalzamento del pH	Trattamenti di refrigerazione e filtrazioni Aggiunta di tartrato neutro di potassio
	Vini provenienti da terreni ricchi in calcio	Formazione di tartrati di calcio poco solubili	Evitare il contatto con cemento e limitare l'impiego di coadiuvanti ricchi in calcio
	Precipitazioni colloidali di proteine, tannini, rame, ferro.	Intorbidamenti	Trattamenti a caldo ed a freddo, chiarifiche
Cambiamento di colore	Polifenoli, rame, ferro	Imbrunimento all'aria o in bottiglia	Antiossidanti, complessanti
Cambiamenti del gusto od olfatto (Maderizzazione)	Ossigenazione e reazioni tra composti del vino	Vini bianchi o rosati ossidati i cui aromi sono simili a quelli del Madera.	Riduzione del contatto con l'ossigeno Uso degli antiossidanti

Odore di muffa. Conferito al vino da contenitori non puliti, da uve alterate o da muffe che si annidano nella porosità dei sugheri poco puliti o nei contenitori ammuffiti.
Odore di feccia. Tipico dei vini che per lungo tempo sono rimasti a contatto con le fecce in via di decomposizione. Gli oli vegetali ed i carboni attivati riescono a curare il difetto.
Odore di ridotto. È spesso causato dall'impiego di dosi elevate di anidride solforosa, da quantità elevate di zolfo residuo nelle uve, sosta del vino sulle fecce, ecc.. Per evitare l'inconveniente, oltre all'impiego di lieviti selezionati, è opportuno l'arieggiamento di mosti e vini e il trattamento con solfato di rame 0,1-0,3 g/l.
Odore di volpino (o foxy). È caratteristico dei vini ottenuti da uve americane del genere della specie *Vitis labrusca* (uva fragola o Isabella) oppure dai così detti ibridi produttori diretti (I.P.D.). Questo odore va progressivamente attenuandosi con l'invecchiamento ma è buona norma mettere da parte queste uve in vinificazione (obbligo di legge).
Odore di legno o di secco. Si manifesta quando si usano contenitori in legno mal conservati o nuovi non abboniti.
Gusto tannico. Frequente nei vini che hanno avuto un contatto troppo prolungato con bucce o raspi o aggiunta di torchiati. Sono vini aspri in bocca ed il difetto si corregge aggiungendo chiarificanti proteici.
Odore di maderizzato. Il vino, spesso bianco, assume colore caratteristico simile al Madera. In esso, i processi ossidativi hanno interessato i polifenoli ed il vino raggiunge un elevato contenuto di aldeide acetica.
Formazione di depositi cristallini. È abbastanza frequente verificare sul fondo delle bottiglie cristalli salini. Trattasi quasi sempre di tartrati di calcio e bitartrato di potassio che precipitano in fondo al recipiente. Ciò può avvenire anche a causa delle basse temperature di conservazione del prodotto confezionato e nel tempo anche a causa dei nuovi equilibri e condizioni di pH che si realizzano nel vino.

7.2. Torbidità e depositi nei vini

A volte il tecnico è chiamato ad identificare forme di poca limpidezza o depositi originatisi nei vini. Non di rado il fenomeno è conseguente a rifermentazioni dovute a batteri o lieviti presenti nel liquido, i quali operano attacchi ai residui zuccherini o altri costituenti del vino. In altri casi si manifesta una insolubilizzazione di alcuni costituenti (sali e colloidi in equilibrio precario) che a causa di variazioni di temperatura, pH, concentrazione alcolica subiscono flocculazioni.

Il fenomeno è preoccupante, specie quando si manifesta in bottiglia; in ogni caso, se il problema non è stato risolto in via preventiva (refrigerazioni, filtrazione sterile, ecc.), è bene individuare la natura, le cause e le circostanze che lo hanno prodotto.

Tab. 7.2

Tipo di precipitato	Saggio diagnostico
Bitartrato di potassio	Trattasi di deposito cristallino biancastro solubile in acqua bollente. La natura fortemente acida della soluzione è verificabile con la cartina al tornasole (se la soluzione viene addizionata di 2 gocce di bromotimolo, assume la colorazione gialla).
Tartrato di calcio	Il precipitato cristallino è insolubile in acqua calda ma solubile in acido nitrico. La soluzione forma un nuovo precipitato per aggiunta di una soluzione di acido ossalico.
Sostanza colorante	Insolubile in acqua, la soluzione diviene limpida per aggiunta di alcuni ml di alcool puro.
Da ferro	Il deposito è solubile in acido cloridrico specie a caldo dando una colorazione rossastra. La soluzione ottenuta, trattata con alcune gocce di ferrocianuro di potassio forma un precipitato di colore blu e con solfocianuro di potassio una colorazione rosso intensa.
Da rame	Il precipitato è solubile in acido cloridrico diluito. L'intorbidamento scompare per aggiunta di alcune gocce di acqua ossigenata (a 12 vol.). La soluzione acidificata con acido cloridrico ed aggiunta di ammoniaca si colora di blu.
Da sostanze proteiche	Il deposito, insolubile in acido cloridrico diluito, si rende solubile per riscaldamento (75-80 °C) o per aggiunta di alcuni ml di idrossido di sodio diluito.

7.3. Intorbidamenti o casses

Sono cause fisiche od enzimatiche che fanno perdere al vino la limpidezza.

Casses ossidasiche. Sono rotture di colore dovute ad enzimi ossidanti (spesso provenienti da uve ammuffite) che fissano l'ossigeno sulle sostanze coloranti e tanniche. Tali vini esposti all'aria incupiscono e cambiano di colore. L'anomalia è riconoscibile con la prova all'aria. In fase preventiva è bene vinificare uve sane, usare giuste dosi di solforosa nel mosto dopo averlo opportunamente defecato.

Casse ferrica. Si manifesta quando il vino, per cause diverse (eccesso di ferro, contatto con metalli, ecc.), si arricchisce in ferro. Il metallo presente nel vino, a contatto con l'ossigeno, passa da ferroso a ferrico ed a contatto con fosfati di calcio o tannini, forma precipitati.

È importante evitare il contatto del ferro con il vino o vinificare uve contenenti molto ferro. Discreti risultati si ottengono impiegando acido citrico ed acido ascorbico per complessare il ferro, sottraendolo così all'ossidazione. La casse è riconoscibile in quanto il deposito è solubile in acido cloridrico e diventa di colore rosso per aggiunta di solfocianuro.

L'eliminazione dell'eccesso di ferro nel vino può effettuarsi solo usando ferrocianuro di potassio che forma un sale insolubile (ferrocianuro ferrico) che viene allontanato per chiarifica. La pratica, tuttavia, va eseguita dal tecnico responsabile ed appositamente autorizzato.

Casse rameosa. È causata dalla presenza di notevoli quantità di rame nel vino che, unendosi alle sostanze proteiche in assenza di ossigeno, passa da rameico a rameoso. Il tutto coincide con un imbrunimento del prodotto (spesso in bottiglia) che scompare quando il vino entra in contatto con l'aria. Spesso forma anche un deposito che è solubile in acido cloridrico. Bisogna fare attenzione affinchè il vino non si arricchisca di rame da trattamenti o per contatto con recipienti. L'anidride solforosa, creando ambiente riducente, favorisce questa casse.

L'eliminazione del rame nel vino può avvenire unicamente come spiegato per il ferro, attraverso l'impiego del ferrocianuro.

Casse proteica. Il vino contiene azoto (200-500 mg/l) in forme diverse di cui una frazione è di natura proteica (10-30 mg/l) e costituita da proteine semplici e da amminoacidi.

Questa frazione, presente in forma colloidale nel vino, è termoinstabile ed associandosi ai tannini, precipita. Forma pure intorbidamenti di colore grigio-brunastro in presenza di ferro e grigio rossastra in presenza di rame. Il deposito che le proteine formano, anche di natura tanno-proteica, è insolubile in acido cloridrico ma solubile a caldo (80-85 °C) con alcali. L'inconveniente può essere eliminato con chiarifica ed aggiunta di tannino.

7.4. Le malattie

Sono alterazioni dovute a cause microbiche, da agenti presenti nel vino e che operano trasformazioni in presenza di ossigeno (aerobiche) od in assenza di esso (anaerobiche). Riassumiamo brevemente alcune malattie più frequenti con indicazione dei caratteri, modificazioni del vino ed eventuali cure.

Fioretta. È tipica dei vini gracili posti a contatto con l'aria. I vini colpiti manifestano alla superficie una efflorescenza biancastra dovuta allo sviluppo di colonie del microrganismo (*Mycoderma*); di colore bianco-grigiastro nei vini bianchi e rosa nei rossi. Il vino diventa 'molle', l'alcool viene gradatamente trasformato con produzione di acqua ed anidride carbonica e l'azione dei microrganismi porta ad un aumento dell'acidità volatile. Il vino degustato, si presenta evanescente, insipido ed annacquato.

Per evitare la malattia, è opportuno aumentare il grado alcolico, fare colmature, addizionare gas inerti o isosolfocianato di allile in pastiglie, riparando il vino dall'azione dell'ossigeno. I trattamenti di stabilizzazione (pastorizzazione e filtrazione) possono essere di aiuto alla cura del vino.

Spunto ed acescenza. Il vino colpito si presenta con lieve intorbidamento, assume odore di spunto e pungente per presenza di acido acetico. Gli agenti (*Acetobacter*) si sviluppano in superficie formando delle membrane. L'alcool si ossida con formazione di acetato di etile (responsabile dell'odore di spunto) nella prima fase e poi di aldeide acetica ed acido acetico. La malattia va combattuta in fase preventiva evitando il contatto con l'ossigeno già in fase fermentativa e facendo attenzione all'igiene in cantina ed alle temperature, sia nella trasformazione che conservazione. Se la malattia non è in fase avanzata, si può cercare di risanare con pastorizzazione, anidride solforosa, tagli e rifermentazioni.

Girato o sobbollimento o incerchionimento. Sono colpiti soprattutto i vini a bassa acidità reale, alto pH e con zucchero residuo. Il vino attaccato si presenta torbido, piatto, con odore sgradevole e manifesta la precipitazione di sostanze coloranti; esso sembra bollire per lo sviluppo di bollicine di anidride carbonica. I microrganismi attaccano l'acido tartarico producendo acido lattico, anidride carbonica ed acido acetico, conseguentemente diminuisce l'acidità fissa e l'estratto mentre aumenta l'acidità volatile.

Si consiglia molta igiene in cantina e la vinificazione di uve sane o la cernita delle stesse. Difficile approdare alla cura; se il fenomeno è in fase iniziale, si può provare con addizione di anidride solforosa, pastorizzazione e chiarifica.

Filante o grassume. È tipica dei vini bianchi poveri in alcool, acidità fissa e con presenza di residui zuccherini non fermentati. Il vino versato in un bicchiere non fa rumore ma fila come l'olio e, se agitato, libera anidride carbonica. I microrganismi attaccano gli zuccheri presenti formando mannani responsabili dell'aumento della viscosità. Vengono anche attaccati la glicerina e l'acido malico con produzione di acido acetico ed anidride carbonica.

È consigliabile far consumare tutto lo zucchero ai lieviti in fase fermentativa e correggere adeguatamente l'acidità fissa già nei mosti. Il vino si può risanare con aggiunta di solforosa ed acido tartarico, sbattimento (o travaso) all'aria e chiarifica.

Agrodolce o fermentazione mannitica. Frequente nelle zone calde in cui si vinificano mosti ricchi di zuccheri, poveri di acidità e con temperature alte in fase di fermentazione. Il vino si presenta dolciastro (mannite) ed acre (acido acetico). Gli zuccheri vengono attaccati dai microrganismi con produzione di mannite, acido acetico ed acido lattico; evaporato in un bicchiere lascia sul fondo i cristalli di mannite disposti a raggiera. Il vino acquisisce un sapore di frutta stramatura.

Per evitare la malattia, occorre anticipare la raccolta delle uve, correggere l'acidità dei mosti, controllare la temperatura in fase fermentativa ed usare lieviti selezionati od autoctoni.

Amaro. Colpisce molte volte i vini rossi poco alcolici. Questi assumono sapore amaro e sgradevole accanto ad un aumento di volatile. I microrganismi attaccano la glicerina che si trasforma in composto amaro (aldeide acrilica) che a sua volta si lega con i tannini originando quindi sapore amaro.

Per bloccare la malattia si può ricorrere alla pastorizzazione, mentre l'uso di carboni attivi permetterebbe l'assorbimento di odori e sapori sgradevoli. A ciò può seguire un taglio e rifermentazione.

7.5. Le frodi nei mosti e vini

Alcune disposizioni regolamentano la produzione ed il consumo di alimenti, mosti e vini a tutela della salute del consumatore, prevenendo le frodi e le sofisticazioni degli alimenti mediante una normativa generale riferita al Decreto Presidenziale n. 327/80.

È bene ricordare che anche il vino, talvolta, è stato oggetto di frodi, manipolazioni, pratiche illecite e sofisticazioni, con fini di profitto e con riflessi negativi per la salute del consumatore (1985 presenza nei vini di

glicole etilenico – 1986, problema dell'aggiunta di metanolo) e per l'economia agricola in generale.
Il settore enologico ha raggiunto una dimensione economica rilevante nelle nostre aziende e merita conseguentemente l'adeguata tutela e regolamentazione nel momento in cui il vino è oggetto non solo di un libero mercato interno ed europeo ma particolarmente alla luce della globalizzazione dei mercati. Ecco l'importanza di precise disposizioni indicanti le norme per la produzione, la trasformazione ed il commercio dei prodotti, gli additivi permessi, i trattamenti consentiti, la tipologia o la qualità e quantità di componenti presenti in mosti e vini. Anche per il vino, sorge il dovere sociale di garantire il consumatore attraverso la genuinità del prodotto.
Per quanto attiene alla repressione delle frodi nei mosti e vini, vige il D.P.R. n. 162 del 2.12.'65 e la Legge n. 462 del 7.8.'86 (successiva ai gravi fatti legati al metanolo).
Essendo il vino un prodotto ottenuto dalla fermentazione alcolica totale o parziale di uve fresche (pigiate e non) o mosti di uve, il grado alcoolico risulta tra i primi parametri nella valutazione analitica; infatti, esso può modificarsi con l'aggiunta di concentrati, appassimento delle uve, crioconcentrazione. Si comprende come risultino possibili l'adulterazione, le frodi o l'adozione di pratiche enologiche scorrette, con danni alla salute e ripercussioni economiche negative.
Alcuni termini vengono comunemente usati per classificare le frodi.

- **Alterazioni:** modificazioni dei caratteri dell'alimento per via naturale o accidentale a causa di agenti microbici nocivi alla salute.
- **Adulterazioni:** quando la composizione del prodotto è stata variata in modo fraudolento.
- **Contraffazione:** se l'alimento viene sostituito da un altro a minore valore alimentare o più basso valore nutritivo.
- **Sofisticazione:** attiene a prodotti ottenuti artificialmente attraverso l'uso di materie prime nocive alla salute o di scadente qualità.

In Italia alcune organizzazioni operano al fine di prevenire e reprimere le frodi nel settore vinicolo, in particolare:

- Ministero delle politiche agricole (Ispettorato centrale per la repressione frodi e Comando Carabinieri);
- Ministero della sanità (Direzione generale igiene alimenti e nutrizione, Nuclei antisofisticazioni o NAS, ASL e medici igienisti);
- Ministero delle finanze (Nuclei di polizia tributaria della Guardia di Finanza, Dogane ed uffici tecnici della Finanza).

Altri organi periferici collaborano al servizio di vigilanza quali: laboratori delle ASL, ispettorati e guardie di sanità, vigili sanitari comunali, istituti zooprofilattici. L'importazione delle merci è sorvegliato dalla Capitaneria di Porto mentre un organismo particolare opera presso il Ministero delle politiche agricole della CE.
Il controllo viene esercitato con sopralluoghi ordinari e straordinari nelle cantine, depositi, esercizi di vendita, ed intensificati nei momenti a maggiore rischio quale quello della vendemmia. In genere, vengono effettuati controlli contabili, prelevati campioni di prodotti in cantina o durante il trasporto, controllati i prodotti in ingresso o in uscita dallo stabilimento. Allo scopo, gli ispettorati dispongono di laboratori di analisi particolarmente attrezzati di strumentazione idonea alla valutazione della qualità e genuinità dei prodotti (vini, mosti, ecc.).
Tra le irregolarità che si riscontrano più di frequente ricordiamone alcune:

- presenza nei mosti e vini di zuccheri estranei (es. saccarosio);
- effettuazione di fermentazioni fuori periodo senza regolare denuncia;
- vini DOC e DOCG non rispondenti al disciplinare;
- uso di additivi non autorizzati;
- tenori di solforosa, anidride carbonica, acidità volatile e alcool metilico, al di sopra del consentito;
- grado alcoolico non rispondente al consentito;
- l'uso in cantina di sottoprodotti della vinificazione (fecce, vinacce, torchiati);
- vinificazioni di uve non autorizzate;
- uso di antifermentativi;
- giacenza in cantina di prodotti non denunciati;
- vini ottenuti con fermentazione di zuccheri provenienti da sostanze diverse dalle uve;
- impiego di ferrocianuro di potassio in modo non conforme alla legge;
- esecuzione di trattamenti non previsti per la vinificazione e conservazione;
- detenzione e commercio di vini non provenienti da vitigni di *Vitis vinifera*;
- false indicazioni nei registri di carico e scarico;
- incompleta od irregolare presentazione della denuncia di produzione;
- vini posti in vendita con caratteristiche diverse da quelle riportate in etichetta;
- mancanza di indicazioni obbligatorie in etichetta;

- vini venduti in contenitori con capacità diversa da quella autorizzata;
- personale alla vendita non munito di libretto sanitario rilasciato dalle autorità competenti;
- illegalità nelle pratiche collegate alla CE.

È da tener presente che i caratteri fondamentali dei vini (zona di produzione, composizione varietale, produzione per ettaro, invecchiamento, colore, odore, sapore, acidità totale, estratto, zuccheri residui, ecc.) sono riportati nei disciplinari di produzione ed offrono una presentazione importante e sufficientemente dettagliata del prodotto che ci accingiamo a consumare.
La normativa vigente disciplina in modo dettagliato alcuni componenti del vino ed in particolare, è fatto divieto di vendere mosti e vini aventi:

- gradazione alcolica complessiva non inferiore a 10°;
- acidità volatile (in g/l di acido acetico) superiore ad 1/10 della gradazione alcolica;
- cloruri (espressi come cloruro di sodio) al di sopra di 0,5 g/l;
- solfati (come solfato di potassio) al di sopra di 1 g/l;
- alcool metilico al di sopra di 0,25 ml (per ogni 100 ml di alcool complessivo) per i rossi e 0,20 per i bianchi;
- presenza di saccarosio (ad eccezione degli spumanti);
- presenza di bromo e cloro organici (o con quantità entro norma, derivanti da residui di fitofarmaci);
- anidride solforosa al di sopra di 0,200 g/l;

Tab. 7.3 - Alcuni additivi e coadiuvanti permessi nel vino

Sigla	Nome	Sigla	Nome
E 200	ac. sorbico	E 290	anidride carbonica
E 202	sorbato di potassio	E 300	ac. ascorbico (Vit. C)
E 220	anidride solforosa	E 330	ac. citrico
E 221	sodio solfito	E 334	ac. L-tartarico
E 222	sodio bisolfito	E 353	ac. metatartarico
E 223	sodio metabisolfito	E 372	ammonio fosfato monobasico
E 224	potassio metabisolfito	E 373	ammonio fosfato dibasico
E 225	potassio solfito	E 414	gomma arabica
E 226	calcio solfito		

- acido L-ascorbico oltre 150 mg/l;
- anidride carbonica al di sopra di 2 g/l (altrimenti va riportata in etichetta);
- acido citrico in quantità superiore a 1 g/l;
- presenza di ferrocianuro di potassio o suoi derivati;
- contenuto di metalli ed altri elementi (in mg/l), superiore a 5 di zinco, 1 di rame, 0,3 di piombo, 1 di bromo inorganico, 60 di acido borico, 70 di sorbitolo, 0,2 di arsenico, 1,5 di fluoro, 60 di boro (come acido borico).

8. I vini e la degustazione

8.1. Vino e qualità

Non è semplice definire la qualità di un vino, tanto più che essa è per molti aspetti legata al piacere del consumatore che, piuttosto esigente, non è sempre lo stesso; può piacere un certo bouquet, il particolare colore, la morbidezza, il gusto di fruttato, ecc..
Molta attenzione viene riservata alla tipicità come legame alla zona produttiva, al vitigno, all'ambiente ed alla riscoperta dell'innovativa tecnologia di produzione. È senz'altro molto apprezzata l'armonia dei componenti, il positivo riscontro organolettico, l'assenza di alterazioni e malattie, la finezza del gusto.
Oggi, più di ieri, la qualità viene associata alla genuinità del prodotto che si traduce con la sanità delle uve di provenienza, assenza di componenti tossici, assenza di residui di fitofarmaci e loro metaboliti, mancanza di sensazioni negative dovute ad additivi enologici (solforosa compresa).
È di grande pregio qualitativo il patrimonio di colore, l'originale quadro aromatico e l'espressione di tipici e nuovi caratteri da macro e microstruttura.
Particolarmente importante è l'indicazione dell'annata che riassume in sé una qualità legata a fattori positivi dal punto di vista climatico, fortemente influenzanti i caratteri aromatici, la composizione e lo stato sanitario delle uve ottenute in una determinata zona.
Nelle annate particolarmente favorevoli, con ottimale distribuzione delle precipitazioni, assenza di stress termici per la vite, clima sfavorevole allo sviluppo delle malattie, si verificano le condizioni ottimali di successo per la maturazione. In tali annate, le uve acquisiscono un prezioso patrimonio di micro e macrocostituenti e i vini che si ricavano si ricono-

a)

b)

Fig. 8.1 - Paesaggio rurale a) caratterizzato dalla diversa cromatografia dei vitigni, rosso (uva tintoria) giallo (uva bianca) verde (uva nera); b) particolare di uva tintoria su pergola (foto Spagnolli).

scono per i delicati profumi, il gusto intenso e la freschezza durevole. Tra le annate dei grandi vini ricordiamo il 1995 e il '97 per il Brunello di Montalcino e il Barolo e il '95 per l'Amarone.
Nell'ultimo decennio, il mondo enologico manifesta una nuova e qualificata esigenza che richiede tra l'altro un alto livello qualitativo delle uve; un buon vino nasce già nel vigneto. La produzione di vino esige una programmazione oculata del vigneto senza la quale difficilmente si perviene a soddisfacenti risultati enologici.
Oltre al rispetto del disciplinare di produzione, si deve seguire una certificazione di prodotto, ottenere uve con basso impatto ambientale, operare un controllo della difesa fitosanitaria, imporre una limitazione generale degli apporti di concimazione chimica, effettuare la giusta scelta dei vitigni e dei cloni. Si dovrà produrre secondo standard qualitativi sotto costante controllo di un vigneto integrato nell'ecosistema ed elemento caratterizzante il paesaggio.
Si richiede una qualità spontaneamente certificata dal produttore, dalla produzione delle uve fino al confezionamento del vino; il tutto sotto forma di informazioni non fuorvianti e particolarmente utili al consumatore. Ne consegue che oltre alla denominazione, il consumatore deve essere in grado di pervenire a tutte le informazioni utili all'identificazione ampia del prodotto, non solo riservata ai vini di qualità superiori alla media.
Tutto ciò mette in evidenza che è meno importante produrre per produrre o per produrre molto, mentre è fondamentale ottenere un vino pensando che la qualità di esso nasce nel vigneto, si consolida con la tecnica di trasformazione, si completa man mano con la stabilizzazione, invecchiamento e confezionamento del prodotto. Molta qualità del vino è legata all'ambiente pedoclimatico in cui cresce il vigneto. I raggi solari, la natura pedologica del terreno, la piovosità, la varietà ed il clone, la giacitura, l'esposizione, la densità d'impianto, ecc., costituiscono forze che concorrono a definire e determinare il patrimonio di qualità del prodotto. In genere, non deve mancare una valorizzazione del territorio di produzione, comprendente tra l'altro gli aspetti storici e di origine.
Il vino, pur non potendo considerarsi alimento in relazione al basso contenuto di sostanze nutrienti, riveste un certo interesse per diversi apporti positivi sulla salute; il bere moderato si associa ad una serie di benefici effetti legati ai diversi costituenti caratteristici dei vini.
Oggi, dalle risultanze sperimentali, non si commette errore se si pensa al vino come ad un farmaco naturale in relazione alle benefiche proprietà di esso legate ad alcuni preziosi costituenti (antociani, resveratrolo, ecc.).

La presenza di questi ultimi valorizza non poco il prodotto ed il bicchiere di vino assume il ruolo di alleato dell'uomo nel combattere alcune patologie del cuore e forme tumorali.
Il miglioramento qualitativo parte dalla riduzione quantitativa della produzione (stimata in kg per ceppo) attraverso la vinificazione si tende per quanto possibile a conservare la tipicità del prodotto a partire dal patrimonio polifenolico fino all'importante corredo aromatico.
Il prodotto va accompagnato da una politica aziendale che mira alla differenziazione dei prodotti, riconosciuta e percepita dal consumatore come pure dall'innovazione volta ad assecondare lo stile di vita di chi si avvicina al vino. Ciò, tuttavia, viene qualche volta disatteso in considerazione che numerose ricerche hanno talvolta affermato che tra i consumatori risulta diffusa una certa ignoranza sul prodotto (secondo un'indagine condotta tra i ristoratori, meno del 20% dei consumatori di vino si può considerare vero intenditore).

a) b)

Fig. 8.2 - Bottiglieria a) e cantina d'invecchiamento b) (foto ITA, S. Michele all'Adige).

Una qualità che va gestita lungo tutta la filiera di produzione e che deve fornire risposte adeguate ad un mercato avviato verso la globalizzazione. Il vino deve soddisfare le attese del consumatore, anche in relazione alle innumerevoli proprietà salutistiche di cui il prodotto è depositario.

8.2. La classificazione dei vini

La classificazione dei vini viene indicata dalla Legge 164/'92 che distingue i vini in due gruppi principali:

1. **VQPRD.** Vini di qualità prodotti in determinate regioni comprendenti i **DOC** (denominazione di origine controllata), **DOCG** (denominazione di origine controllata e garantita) e gli **IGT** (indicazione geografica tipica);
2. **VINI DA TAVOLA.** Oggi in Italia abbiamo raggiunto circa 20 qualità di tipi di vini DOCG e circa 300 DOC pari ad una produzione totale di circa 50 milioni di ettolitri corrispondente a poco più del 21% della produzione di vini. È importante considerare che mentre in Italia si consumano DOC al di sotto del 20%, in Francia ed in Spagna si consumano vini DOC per circa il 50% ed addirittura in Germania si arriva ad oltre il 60%. I migliori DOC spuntano prezzi mediamente tra 15 e 20.000 lire alla bottiglia mentre i meno quotati raggiungono prezzi pari a un decimo di quello dei migliori. Sovente, la classificazione viene rappresentata come una piramide in cui a partire dal vertice superiore a scendere, vengono allocati prima i DOCG, poi i DOC, indi gli IGT ed infine i vini da tavola.

- **Vini DOC e DOCG**. Sono vini di qualità prodotti in regioni determinate e vocate; rispondono a disciplinari di produzione rigidi e particolari in termini di uve, tecniche colturali, uvaggi, rese, terreni, composizione, invecchiamento, ecc.. Prima di essere immessi al consumo sono sottoposti ad esame organolettico e chimico da una apposita commissione di degustazione che ne valuta la qualità e tipicità. Vengono ottenuti attraverso una tecnologia trasparente da un produttore qualificato e con vitigni tipici.
- **Vini ad indicazione geografica tipica (IGT)**. Sono vini prodotti da uve raccolte per almeno l'85% nella zona di produzione e da cui prendono il nome.
- **Vini da tavola.** Sono prodotti in zone viticole diverse, spesso con viti-

gni particolari, portano l'indicazione di provenienza e non sono soggetti a particolare disciplinare. Rappresentano una quantità considerevole del vino commercializzato. Prodotti con uve bianche o rosse, sovente raggiungono qualità veramente lodevoli.

• **Vini frizzanti**. Sono vini da tavola con gradazione alcolica totale non inferiore a 9 gradi e con alcool effettivo non inferiore a 7°. Contengono anidride carbonica endogena (naturale) o aggiunta (gassificati) con sovrappressione compresa tra 1 e 2,5 atmosfere a 20 °C; la loro elaborazione si effettua nel periodo vendemmiale in cui avviene la fermentazione (entro il 31 dicembre). Quando l'elaborazione avviene al di fuori del periodo di vendemmia, occorrono specifiche autorizzazioni tipiche delle rifermentazioni. In Italia si produce circa l'80% della produzione mondiale di vini frizzanti.

• **Vini spumanti.** Sono prodotti ottenuti dalla rifermentazione di ottimi vini che conferisce ad essi una sovrappressione non inferiore a 3,5 atmosfere. L'anidride carbonica presente, si forma durante il processo fermentativo e viene inglobata più o meno finemente nel prodotto che, versato in un bicchiere, manifesta una produzione di bollicine (perlage) più o meno persistente. Sono prodotti per fermentazione in autoclave (metodo Charmat) o in bottiglia (metodo Champenois) partendo da ottime uve (Pinot, Chardonnay, Passerina, Prosecco, ecc.).

• **Vini liquorosi.** Contengono alcool intorno al 16-20% e sono ottenuti da uve particolari attraverso arricchimento con mistelle di mosto d'uva alcolizzato. Tipico esempio è il Marsala.

• **Vini passiti.** Le uve sane, vendemmiate precocemente, vengono messe su graticci ed essiccate con aria forzata. Si ottiene un appassimento con concentrazione degli zuccheri fino al 30-35%. Dalla pigiatura si ottengono circa 30 kg di mosto che messi a fermentare lentamente (2-3 mesi) e dopo invecchiamento di 3-4 anni sono pronti per il consumo. Tra essi annoveriamo: Vin Santo, Aleatico, Malvasia, ecc..

• **Vini aromatizzati.** Sono vini alcolici (16-21 gradi) con discreto residuo zuccherino, ottenuti partendo da buon vino con aggiunta di alcool, zuccheri e sostanze aromatizzanti. Si usano estratti naturali tipici quali quello dell'artemisia del Vermouth.

• **Vini novelli.** Sono vini ottenuti attraverso la macerazione carbonica dell'uva intera che impartisce a tali prodotti aromi e profumi particolari sì da conferire le caratteristiche di un vino pronto per il consumo. Vengono venduti subito dopo la vendemmia (dal 6 novembre). Un vino novello è un vino giovane con gusto fruttato e colore vivace cui si accompagna un'attenuazione dell'acidità malica e del sapore allappante.

Tab. 8.1 - Le acquaviti e i superalcolici

GRAPPA – Prodotto ottenuto dalla distillazione delle vinacce
WHISKY – Acquavite ottenuta per distillazione di cereali fermentati
VODKA – Si ottiene per distillazione di un prodotto ricavato per fermentazione di cereali e patate
RUM - Distillato del succo fermentato di canna da zucchero
BRANDY – Distillato di vino più o meno invecchiato
COGNAC – Distillato di vino bianco secco tipico della zona della Charente
GIN – Distillato di cereali, aromatizzato con bacche di ginepro.
SAKÈ – Acquavite prodotta a partire dal riso, originaria del Giappone.
SLIVOVIZ – Acquavite ottenuta dalle prugne, originaria della Jugoslavia.
TEQUILA – Acquavite ottenuta per fermentazione di mosto ottenuto da agave. Tipica del Messico

Tab. 8.2 - I primi DOC e DOCG per produzione (in migliaia di hl)

Chianti	690	Prosecco Conegliano	230
Asti	570	Chianti Classico	225
Soave	540	Colli Piacentini	214
Montepulciano Ab.	440	Verdicchio dei Castelli di Jesi	189
Oltrepò Pavese	420	Frascati	182
Valpolicella	330	Bardolino	186
Friuli Grave	300	Barbera d'Asti	151
Trebbiano Ab.	240	Orvieto	143
Piemonte	240	Reggiano	134

Il vino Novello, nato dopo il Beaujolais, si produce in Italia da quasi un trentennio con costante aumento di produttori e consumatori: i suoi caratteri sono graditi ad ampie fasce di consumatori mentre la vendita precoce garantisce un'entrata fresca e sufficientemente pronta di guadagno ai produttori.
In Italia il successo del prodotto, da tutti apprezzato, è in ascesa e nel 1998 la produzione nazionale ha superato 15 milioni di bottiglie con un incremento del 13%; la produzione è per lo più concentrata al Nord in cui si raggiunge il 59% del totale (27% al Centro e 14% al Sud). Il prodotto viene esportato in tutto il mondo ed il primo importatore è la Germania.

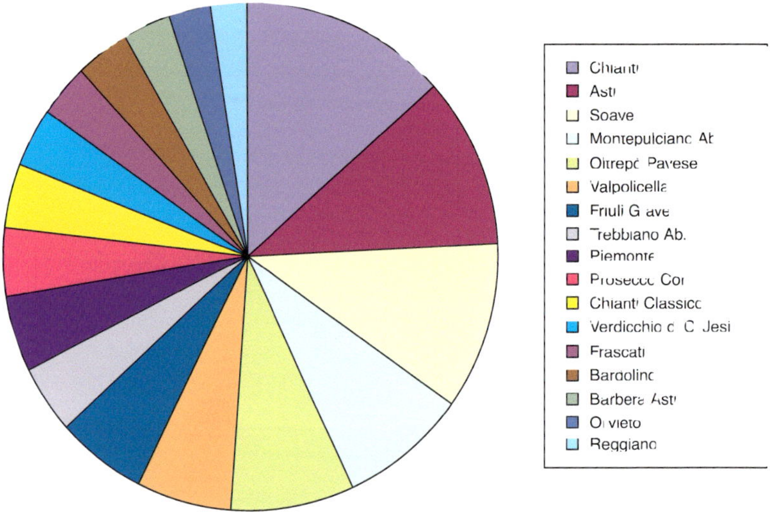

Grafico 8.1 - La ripartizione della produzione di alcuni DOC e DOCG d'Italia

8.3. La degustazione

Il vino è una bevanda importante, frequentemente parte di gastronomia pregiata ma anche utile per ravvivare od allietare gli incontri, festività e ricorrenze. Per molti di noi, bere vino significa anche incontrare un prodotto nuovo «figlio d'arte», che va scoperto man mano utilizzando i sensi, e quindi raccogliere, apprezzare e commentare sensazioni e piaceri. Anche il peggiore dei vini merita attenzione, almeno per individuare e parlare dei lati negativi che è in grado di comunicare.

È quindi importante che il vino venga degustato con attenzione e delicatezza al fine di cogliere tutti i caratteri, anche i meno appariscenti o più reconditi.

Diventare un buon degustatore non è cosa semplice, significa acquisire molta esperienza, degustare spesso, saper memorizzare e catalogare le sensazioni. Il soggetto che degusta deve essere molto attento a tutte le impressioni che riceve, deve essere obiettivo, capace di memorizzare ma anche dimenticare le sensazioni, conoscitore ed appassionato del settore per cogliere non soltanto gli aromi ma tutte le altre sfumature che il prodotto riserva.

8.3.1. *Pronti per degustare*

Fig. 8.3 - Stappa-spumante moderno.

Il momento migliore per degustare è il mattino a stomaco vuoto o dopo aver ingerito cibi leggeri. Si deve star bene fisicamente, senza preoccupazioni, non aver preso il caffè o fumato, aver lavato i denti con sola acqua e spazzolino, senza aver addosso profumi. Si possono assaggiare non più di 5-6 tipi di vino a partire dal meno aromatico, dal più leggero in alcool ed estratto, prima i bianchi e poi i rossi. Dopo una degustazione, la bocca va pulita con poco pane insipido. È bene ricordarsi che il gusto dolce viene percepito immediatamente ma la sua persistenza in bocca è limitata a pochi secondi, rapida è pure la percezione dell'acido e del salato ma un po' più lunga è la persistenza; l'amaro si percepisce con ritardo ma è il più tenace in bocca.
La degustazione deve avvenire in un luogo ben illuminato, a luce diretta, tranquillo e gradevole, senza odori presenti e con pareti possibilmente chiare.
La bottiglia da degustare va portata in sala alcune ore prima e stappata almeno un'ora prima della degustazione per permettere al vino di respirare. Si taglia la capsula alcuni millimetri sotto il bordo in modo da evitare il contatto con il vino, usando un cavatappi a larghe spire si estrae con dolcezza il tappo senza agitare troppo la bottiglia ed evitando il botto.

8.3.2. *Il bicchiere e la temperatura del vino*

È il tipico strumento di lavoro per l'assaggio comune (in cui generalmente non si impiega il «tastevin»). La scelta del bicchiere è importante non solo per una elegante presentazione del prodotto ma anche per valorizzare i vini. Esso ha una forma per lo più ovoidale, ristretta nella parte superiore, di cristallo o vetro sottile, perfettamente trasparente per cogliere i colori, pulito ed a pareti lisce.

a)

b)

Fig. 8.4 - Bicchieri per la degustazione a); Saggio visivo b) (foto Archivio Edagricole).

In genere i bianchi vengono degustati con bicchieri di minori dimensioni rispetto a quelli usati per i rossi. Il bicchiere va impugnato alla base di uno stelo sufficientemente alto per far ruotare il vino all'interno. La forma a calice è quella preferita in quanto fa sì che il calore della mano non interferisca, poiché in ogni momento la mano può operare un blando riscaldamento delle pareti del bicchiere. Durante il movimento rotatorio, il vino sale sulle pareti del bicchiere aumentando la superficie di scambio con l'aria e liberando una maggiore concentrazione di aromi. Il bicchiere va riempito per non più di 1/3 o 1/4 del suo volume. Più in particolare:

- il tipo flûte si impiega per lo spumante (soprattutto secco) sì da permettere il lento svolgersi del perlage (bollicine di anidride carbonica) e degli aromi;
- la coppa, larga e panciuta, va bene per gli spumanti aromatici morbidi e dolci;
- quello un po' panciuto con ampia area di base (tipo Barolo) si usa per i rossi invecchiati di buona struttura ed alcolicità;
- il tipo a tulipano si addice ai bianchi in quanto permette di cogliere meglio i caratteri di freschezza e gli aromi floreali e fruttati.

Il vino da degustare va portato ad una temperatura ideale che coincide con quella che si preferisce per servirli. La temperatura va scelta in rapporto alle tipologie di prodotto ed orientativamente come esposto in tabella 8.3.
Alla degustazione sono interessati gli organi di senso e le impressioni che si ricavano sono riconducibili ai tre momenti della degustazione che andremo ad illustrare.

8.3.3. *I saggi di degustazione*

Saggio visivo

Si effettua portando il bicchiere contenente il vino all'altezza degli occhi ed interponendolo ad una sorgente luminosa, inclinandolo e ponendolo

Tab. 8.3

Tipo di vino	Temperature in °C	Tipo di vino	Temperature in °C
Spumanti	7-9	Rosati	12-14
Bianchi freschi	8-10	Rossi freschi	14-16
Bianchi comuni	10-12	Rossi invecchiati	18-20

su di una superficie bianca. In tal modo si potrà osservare il colore (tonalità, riflessi), la limpidezza ed il deposito. Da piccoli movimenti rotatori, si valuta la presenza di sostanze gassose mentre la ricaduta del vino sul fondo lascia sulle pareti degli archetti che saranno tanto più persistenti quanto più il vino è ricco in alcool, glicerina e zuccheri. Al termine verranno valutati:

- *fluidità* (fluido, consistente o viscoso);
- *limpidezza* (velato, limpido, brillante);
- *colore* (dal giallo verdolino al giallo ambrato, dal rosso porpora al rosso granato);
- *effervescenza* (numero di bollicine, grana e persistenza).

Si dovrà tenere conto che i vini giovani non sempre manifestano notevole limpidezza che invece acquisiscono dopo la stabilizzazione; in ogni caso, il vino al consumo o da bottiglia, deve essere sempre limpido. Parimenti va valutata la vivacità e la trasparenza del vino, inclinando il bicchiere su un foglio bianco posto dietro al bicchiere. Il colore e la tonalità si evolvono in un vino e questo consente anche una valutazione dell'età del prodotto.

Saggio olfattivo

Viene effettuato per lo più tramite inspirazione diretta, imprimendo al bicchiere un leggero movimento rotatorio in modo che il vino accarezzi il contenitore.
Questa operazione, specie se fatta con un vino leggermente caldo, facilita la liberazione del «bouquet» come risultante di centinaia di componenti.
Responsabile di questo saggio è l'olfatto, senso di gran lunga più sensibile del gusto (circa 2500 volte). Responsabile diretta è la mucosa pituitaria, situata nella cavità nasale. Le sostanze odorose approdano all'epitelio attraverso l'aria e vengono percepite per via nasale e retronasale; in ispirazione per diffusione (mescolanza di aria fredda esterna con aria calda interna) ed a vortice (brusca inspirazione), in espirazione per convezione (come scambio di temperature dell'aria calda che esce e fredda che entra). Si percepiranno:

- *sensazioni diverse* (vinoso, aromatico, speziato, etereo);
- *intensità* (dal carente al molto intenso);
- *persistenza* (dal carente al molto persistente);
- *qualità* (dal poco fine all'eccellente).

Verranno quindi percepiti odori diversi: erbacei, floreali, eterei, speziati, di frutta, di spunto, di muffa, ecc.
È da considerare che il vino contiene più di 500 componenti dell'aroma e che quest'ultimo è il risultato dell'integrazione dei diversi componenti da quelli tipici del vitigno a quelli postfermentativi. Così, mentre il «fruttato» è carattere e definizione tipica dei vini giovani, il «bouquet» sarà elemento distintivo di un prodotto invecchiato.

Saggio gustativo

La bocca e quindi la lingua sono interessate a questo momento valutativo. Ci troviamo di fronte ad un senso che valuta le sostanze in soluzione o comunque cibi inumiditi con saliva. I percettori del gusto sono le papille gustative filiformi, fungiformi e caliciformi. Queste, pur se sparse in tutta la bocca, sono a maggiore concentrazione nella lingua. Esse sono responsabili delle quattro sensazioni principali quali il dolce, l'amaro, il salato, l'acido ed altre dette secondarie come il metallico, l'alcalino, l'astringente, ecc.
Il sapore dolce è una sensazione data da composti organici, principalmente zuccheri, alcool, ecc., ed altri composti inorganici. Quella di salato è conferita al vino da composti come il cloruro di sodio (sale da cucina), cloruro di potassio, di litio ecc. L'acidità, è data da acidi e sali degli acidi presenti in forma copiosa (acido malico, tartarico, citrico, lattico, acetico e succinico) con sensazione predominante dovuta all'acido malico. L'amaro è dovuto a composti come gli alcaloidi, acido picrico, prodotti di ossidazione dei fenoli, tannini, sostanze coloranti, ecc. che saranno più rappresentati nei vini rossi e vecchi.
Le sostanze minerali (sali di potassio, calcio, magnesio, ecc.) danno il gusto di salato; contenute in buona quantità, vengono in parte mascherate dalla presenza di alcool ed altri componenti.
Il vino viene messo in bocca con piccolo sorso (5-6 ml), fatto scorrere leggermente sulla lingua e con questa fatto ruotare sul palato e passato in bocca per l'apprezzamento del sapore. Quindi si introduce un po' di aria che riempie il palato per poter percepire una gamma di sensazioni (in particolare, sapori legati all'acidità, rotondità, tannini, ecc.) con una persistenza degli aromi di circa 30". In questa fase, oltre a percepire le sensazioni descritte, si valuta l'armonia dei componenti, lo stato evolutivo (da immaturo a maturo) nonché le sensazioni post-gustative come indice di persistenza sia del gusto che del profumo. In particolare verranno valutati:

- *struttura* (da debole a robusta);
- *alcolicità* (da leggero ad alcolico);
- *zuccheri* (secco, amabile o dolce);
- *acidi* (piatto, fresco o acidulo);
- *tannini* (molle, tannico o stringente);
- *persistenza* (da poco persistente a persistente);
- *equilibrio* (da poco equilibrato ad equilibrato).

8.4. Analisi dei mosti e dei vini

La degustazione conduce ad acquisire un quadro ampio di conoscenze ma da sola non riesce a valutare con precisione i costituenti dei mosti e vini. Da qui l'importanza di ricorrere all'analisi fisica, chimica o microbiologica al fine di ricercare quantitativamente almeno alcuni dei 500-600 componenti di cui un vino è costituito.
L'esigenza di analizzare mosti e vini è legata al controllo della genuinità dei prodotti, alle conoscenze utili per effettuare correzioni ma anche per determinare alcuni parametri da rispettare per l'esportazione o per la commercializzazione interna dei prodotti.
Oggi, le apparecchiature di laboratorio disponibili permettono un'indagine ampia ed approfondita fino all'ordine di ppb (parti per bilione), tuttavia un'analisi molto accurata raramente è tema del cantiniere; esistono comunque alcune semplici analisi dei componenti fondamentali dei mosti e dei vini eseguibili con procedimenti che possono realizzarsi in cantina. Le riassumiamo brevemente.

- **Ricerche microbiologiche**. Si eseguono al fine di isolare e riconoscere i lieviti presenti naturalmente nei mosti e caratteristici di una specifica zona di produzione. Si effettua allo scopo l'esame microscopico dei campioni di mosti lasciati a fermentare in condizione di purezza (senza aggiunta di altri lieviti). Si individuano anche i batteri utili e dannosi.
- **Prova all'aria**. È indicata al fine di operare un controllo sulla tenuta o resistenza del vino all'aria. Infatti, se il vino non è sano, l'ossigeno genera in esso cambiamenti di colore (casses ferrica, ossidasica, fosfatica) o precipitazioni che ne alterano la limpidezza.
  Allo scopo, si eseguono sul vino dei saggi che esponiamo qui di seguito.
  - Saggio all'acqua ossigenata.
  - Prova all'aria.

a)

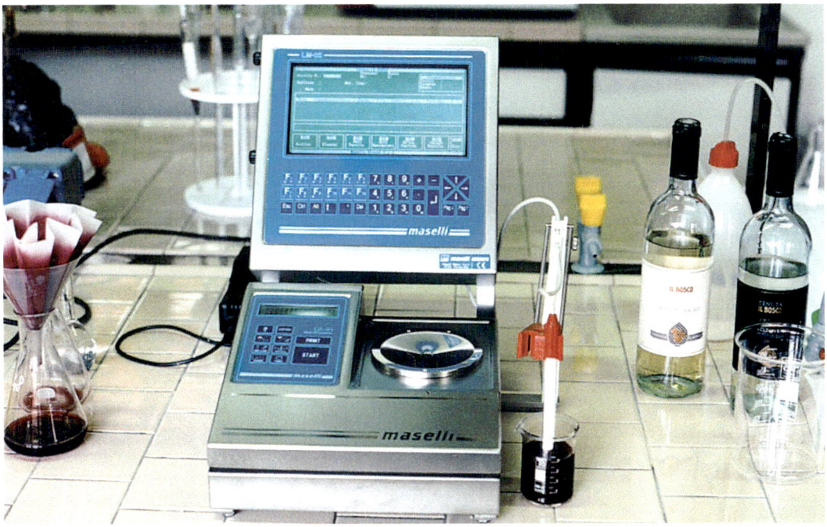

b)

Fig. 8.5 - Laboratorio analisi a) (foto ITA, S. Michele all'Adige); analizzatore multiparametrico b) (Archivio Edagricole).

- Ricerca della casse fosfatica.
- Saggio di casse ferrica.

- **Densità**. Con essa, si vuole determinare il peso di un litro di mosto o vino alla temperatura di 20 °C. In laboratorio, ci si avvale di apposite bilance o densimetri.
- **Reazione o pH**. È un valore che si determina con misura elettrochimica. La valutazione potenziometrica si effettua con pHmetri a lettura analogica o digitale sulla caratteristica scala da 0 a 14. Si misura la concentrazione degli ioni H+ in soluzione e quindi esprime non tanto la quantità degli acidi presenti bensì la forza di essi (gli acidi più sono forti e più ioni H+ mettono in soluzione).

Nel vino i valori sono compresi tra 2,8 e 3,5 con indici più bassi nei mosti e più alti nei vini. A valori giusti di pH, il vino si conserva meglio in quanto si crea un ambiente ostile a diverse forme viventi responsabili delle alterazioni, determina nel vino la giusta tonalità del colore, esalta le qualità gustative, crea un ambiente ostile alla vita degli agenti microbici indesiderati.

- **Acidità totale (o di titolazione)**. Serve a caratterizzare la stabilità e la conservabilità di un vino, oltre all'armonicità dei componenti. È la misura della quantità totale di acidi presenti o titolabili per neutralizzazione con soluzione alcalina (in questa frazione non viene computata la frazione di acidità dovuta al diossido di carbonio o da anidride solforosa). Accanto a quelli già presenti nei mosti (tartarico, malico, citrico), nel vino se ne ritrovano altri, generati dal processo fermentativo (lattico, acetico, succinico). Per effetto delle precipitazioni, l'acidità del vino è ridotta rispetto a quella del mosto corrispondente. L'acidità, oltre a conferire conservabilità, dà maturazione, freschezza, sapidità, giusto risalto agli aromi e vivacità al colore del vino. Sovente assume valori compresi tra 5 ed 8 grammi/litro (espresso in acido tartarico), più alta nei mosti e più bassa nei vini (i francesi la esprimono in acido solforico).
- **Grado alcolico**. Il titolo alcolometrico è di notevole interesse per la commercializzazione dei vini, infatti, il prezzo del vino è spesso strettamente legato al grado alcolico; inoltre, il vino al consumo, nel rispetto della vigente normativa, deve possedere un determinato valore alcolico che va indicato in etichetta. Ma oltre a questi aspetti, il grado alcolico è importante ai fini della conservabilità del prodotto e, nel contesto della composizione generale, conferisce armonia tra i costi-

tuenti. La determinazione si effettua in modo tradizionale con l'ebulliometro o per distillazione.

- **Zuccheri riduttori**. Nei mosti la determinazione degli zuccheri riduttori fornisce una misura potenziale in alcool per il futuro vino, nei vini esprime un residuo zuccherino che può fermentare e svolgere altro alcool, in altri casi serve ad individuare lo zucchero caratteristico che conferisce al vino un gradito sapore dolce. La ricerca di laboratorio si esegue con metodi densimetrici, rifrattometrici o per via chimica.

  a) Metodo DENSIMETRICO. Sono determinazioni che si effettuano avvalendosi di speciali densimetri meglio denominati mostimetri.
  b) Metodo RIFRATTOMETRICO. Si usano piccoli apparecchi spesso tascabili forniti di prismi.
  c) Metodo CHIMICO (al FEHLING). È il dosaggio chimico usato comunemente nei vini e meno nei mosti.

- **Alcool complessivo**. Per alcool complessivo di un vino s'intende il grado globale considerato, quello svolto e quello da svolgere a seguito di fermentazione degli zuccheri residui (alcool potenziale). Si calcola nel seguente modo:

  alcool complessivo = alcool del vino + zuccheri riduttori × 0,6

- **Anidride solforosa totale**. È la valutazione della quantità di anidride solforosa presente nel vino dopo le aggiunte come antisettico. Il suo valore nei vini deve rispettare limiti di legge, perciò il controllo va effettuato anche prima del confezionamento. Non di rado serve a valutare se le quantità presenti siano esorbitanti o se invece bisogna procedere ad altre aggiunte al fine della sanità, conservazione e sviluppo di adeguato potere antiossidante ed antisettico. Nei vini bianchi il contenuto massimo non può andare oltre i 200mg/l e nei rossi 160 mg/l.
- **Anidride solforosa libera**. Indica la quantità di anidride solforosa non combinata con i costituenti dei vini. È questa la frazione attiva contro le azioni negative degli agenti ossidanti, cioè capace di esercitare un'azione protettiva contro le ossidazioni e le attività microbiche (in genere deve risultare contenuta in almeno 20-30 mg/l).
- **Anidride solforosa combinata**. Essa è rappresentata dalla frazione di solforosa che risulta legata ai costituenti e quindi non attiva ai fini antiossidanti. Si determina con la seguente espressione:

  anidride solforosa combinata = anidride solforosa totale
  – anidride solforosa libera

- **Acidità volatile**. È esplicata dagli acidi appartenenti alla serie acetica presenti nel vino sia allo stato libero che salificati. Nel vino è particolarmente importante; infatti ci indica lo stato di salute o di buona conservazione del prodotto: valori alti sono conseguenza di fermentazioni mal condotte o vini affetti da malattie. Viene spesso definita «il polso del vino» in quanto costituisce un indice di sanità del prodotto e dello stato di conservazione in rapporto ad alterazioni che possono insediarsi nel vino, quali la fioretta e l'acescenza.
- **Acidità volatile corretta di anidride solforosa**. Nella determinazione dell'acidità volatile può interferire l'anidride solforosa che distilla insieme con altri prodotti volatili sia in forma libera sia in combinazione con l'aldeide acetica.
- **Acidità fissa**. È costituita da acidi non volatili del vino (tartarico, citrico, malico, lattico, ecc.). Per determinarla, basta detrarre all'acidità totale o titolabile, il valore dell'acidità volatile moltiplicata per 1,25.

$$\text{acidità fissa} = \text{acidità totale} - (\text{acidità volatile} + \text{anidride solforosa}) \times 1{,}25$$

- **Caratteristiche cromatiche dei vini**. I caratteri cromatici dei vini possono essere studiati mediante misure spettrofotometriche. I vini assorbono secondo curve tipiche e si dimostra che a 520 nm si ha un valore massimo che decresce man mano che il vino invecchia. Si definisce *tonalità* del vino, il rapporto tra le densità ottiche a 420 e 520 nm tipiche per tannini (gialli) ed antociani (rossi). Man mano che il vino invecchia il valore della tonalità tende a diminuire con il decrescere degli antociani. L'*intensità* colorante del vino, viene definita dalla somma delle due densità ottiche descritte.
- **Estratto totale**. È costituito dall'insieme delle sostanze disciolte non volatili del vino che rimangono dopo evaporazione dei componenti volatili a 105 °C (acqua, alcool, aromi, acido acetico, ecc.). In genere assume valori compresi tra 15 e 40 g/l.
- **Estratto dedotti gli zuccheri**. Si calcola detraendo all'estratto secco già determinato il contenuto di zuccheri riduttori residui del vino (se superiori ad 1 g/l) e si esprime in g/l. Si può calcolare nel seguente modo:

$$\text{Estratto secco netto} = \text{Estratto secco totale} - \text{Zuccheri riduttori presenti} + 1$$

- **Ceneri**. Sono costituite dalle sostanze minerali presenti nel vino o nel mosto. In pratica, si possono definire come il prodotto che rimane dopo incenerimento dell'estratto (carbonati ed altri sali). In genere, nei vini le ceneri costituiscono una frazione di circa 1,5 - 4 g/l.

Tab. 8.4 - Alcuni reattivi e loro concentrazione

Nome	Concentrazione	Tipi di analisi
Acqua ossigenata	12 volumi	*Test ossidazione*
Ac. cloridrico conc.	d = 1,19	
Ac. solforico 1:4	Si uniscono una parte di acido concentrato con 3 parti di acqua distillata.	*An. solforosa*
Ac. solforico conc.	d = 1,81	
Ferrocianuro di potassio	5 per mille	*Test del ferro*
Idrossido di sodio N/10	4 g / litro	*Ac. totale*
Idrossido di sodio N/4	10 g / litro	*Ac. totale*
Carbone	Vegetale in polvere	*Fehling*
Antischiuma	Pietra pomice	*Alcool dist.*
Fenoftaleina	1 % in soluzione alcolica (alcool al 90%). Incolore in ambiente acido e rosso in quello alcalino, con viraggio tra pH 8,2 e 10	*Ac. volatile*
Blu di bromotimolo	1% in alcool al 20 %. Giallo in ambiente acido e blu in quello alcalino, con viraggio tra pH 6 e 7,6.	*Ac. totale*
Salda d'amido	In 200 ml di acqua salata al 20% all'ebollizione, si versano 2 g di amido solubile mescolando fino a soluzione.	*Alcool per distillazione*
Fehling A	In un pallone da un litro si sciolgono 67,278 g di solfato rameico contenente 5 molecole di acqua di cristallizzazione, si aggiunge acqua e si porta a volume di un litro.	*Zuccheri*
Fehling B	In un pallone da un litro si sciolgono 346 g di tartrato sodico-potassico (sale di Segnette) e 100 g di sodio idrossido in acqua distillata. Dopo si porta a volume un litro di soluzione con acqua.	*Zuccheri*
Blu di metilene	Soluzione acquosa all'1%	*Zuccheri*
Iodio N/10	Si pongono 12,69 g di iodio e 20 di ioduro di potassio in 600 ml di acqua, indi si porta a volume di un litro con acqua.	*An. solforosa*

8.5. Vino ed alimenti

Bere ai pasti è comportamento diffuso e consigliato, ma presuppone che si realizzi il giusto abbinamento con gli alimenti, tale che ne consegua una esaltazione dei caratteri del cibo e del vino scelto.
È difficile per un intero pasto suggerire un solo vino mentre è opportuno, man mano che il pasto procede, accostare il cibo a vini diversi.
È altrettanto vero che il piatto caratteristico si armonizzerà sempre con vini ottenuti dai vitigni della zona e che mangiando si potranno scoprire nuovi ed interessanti accostamenti non riportati dai testi, anche in considerazione che l'abbinamento presuppone una profonda conoscenza delle caratteristiche sia del vino che della pietanza.
Così avremo innumerevoli e preziosi abbinamenti di vini a piatti comuni e tipici ma è interessante rilevare che i vini sono sovente componente principale di prelibate ricette, quali per esempio:

- risotto al Barbera;
- trote al vino rosso;
- sogliola al vino bianco:
- trippa al vino bianco;
- pollo al Marsala;
- bue al Barolo;
- arrostini di vitello al vino bianco;
- manzo stracotto al vino toscano;
- lingua brasata al vino rosso.

Creare una giusta armonizzazione dei cibi con i vini è fondamentale per far risaltare la bontà di entrambi e concludere in bellezza con la reciproca valorizzazione. Le bottiglie andranno aperte almeno un'ora prima del consumo (per i rossi ed i bianchi fermi e strutturati) che dovrà avvenire partendo dai vini giovani ai vecchi, dai freschi ai meno freschi, dai più leggeri ai più strutturati, dai meno alcolici ai più alcolici, dai bianchi ai rosati ai rossi. Ricordarsi che in genere ogni piatto ha un suo vino d'elezione, e nel passare da un vino all'altro è meglio pulirsi la bocca con un po' di acqua masticando poco pane e cambiando bicchiere.

Proponiamo ora alcuni accostamenti in relazione alla natura dei cibi.

- **Aperitivi.** Spesso va bene un vino bianco, asciutto e poco alcolico anche frizzante (o spumanti secchi) da solo o con tartine, formaggio, biscotti salati, arachidi, ecc.
- **Antipasti.** Quando gli antipasti sono conditi con salse molto forti, è

a)

b)

Fig. 8.6 (a-b) - Itinerari enoturistici e cantine aperte (foto Bartolini - a; Righi - b).

difficile l'abbinamento con il vino, altrettanto problematico sarà accostare un vino al salmone affumicato ed al caviale. Attenti all'aggiunta di limone che con la sua acidità annulla tutti i sapori. Consigliamo dunque:

- con frutti di mare, vini bianchi secchi giovani;
- con insalate e verdure, bianchi leggeri lievemente profumati o spumanti leggeri;
- con salumi, rosati secchi di medio corpo o rossi giovani e frizzanti.

• **Minestre**

- in brodo, bianchi (anche rosati) secchi, morbidi e non eccessivamente alcolici. Si passa a quelli di maggior corpo ed a media alcolicità con zuppe e minestroni, ed a rossi leggeri per pasta e fagioli;
- asciutte e risotti di pesce, bianchi secchi di buona alcolicità;
- asciutte e risotti di carne, vini rossi di buon colore e gradazione, più corposi se accompagnano sughi di cacciagione.

• **Pietanze**

- zuppe di pesce, vini bianchi asciutti, freschi, profumati;
- pesce arrosto, grigliata di pesce, ecc., bianco o rosato secco, asciutto, di buona gradazione;
- i crostacei amano i grandi vini bianchi lievemente abboccati ed aromatici;
- pesce fritto o alla griglia, bianchi secchi anche barricati;
- carne in umido, vini rossi di corpo;
- funghi, si abbinano con rossi, anche invecchiati e discretamente alcolici;
- lessi, dai rosati ai rossi giovani di media alcolicità, profumati, fino ai rossi frizzanti;
- arrosti di carne, rossi fini, giovani a media alcolicità specie se trattasi di carni bianche;
- selvaggina, vini rossi classici e corposi, invecchiati di buona gradazione;
- uova e frittate, vini bianchi, asciutti poco corposi e freschi, fino ai rossi di corpo se trattasi di uova e frittate cucinate in modo piccante;
- formaggi, spesso aggrediscono il palato con il loro gusto salato. Per quelli a pasta fresca consigliamo bianchi e rosati, se a pasta dura e piccanti, rossi asciutti di buona gradazione, anche stagionati;
- dolci, la loro composizione zuccherina cambia il sapore del vino, così come il cioccolato impedisce agli aromi del vino di essere corret-

tamente percepiti, tuttavia, giunti a fine pasto e per non interrompere la progressione dei vini, si possono servire bianchi e rossi di alta gradazione o vini dolci e liquorosi;
- i gelati, come i sorbetti non si accostano a vini particolari;
- frutta, se non è preceduta dal dolce si abbina ai bianchi o ai rosati amabili;
- pizza al piatto, vino bianco fresco e frizzante.

È importante ricordare che:
- l'aceto, i condimenti al limone e gli agrumi, sono nemici del vino;
- l'aglio contrasta con la degustazione del vino;
- i piatti locali si accompagnano spesso al meglio con i vini della zona;
- è problematico abbinare il vino con i carciofi;
- a tavola con i pasti rituali, difficilmente trovano posto i vini dolci;
- i vini bianchi liquorosi non si addicono alla selvaggina e carni rosse;
- vi sono cibi che rifiutano gli accostamenti ai vini: cioccolato, salse, ecc.;
- alcuni vini, per particolare composizione (elevata alcolicità, troppo zuccherini, ricchi di estratto, ecc.), mal si accompagnano comunque ai cibi e sono vini di pura degustazione.

8.6. Vino e salute

Le proprietà salutari del vino sono state studiate da insigni ricercatori che hanno potuto rilevare alcune preziose funzioni di questo prodotto. Oggi si pensa che l'essere astemi sia un fattore di rischio mentre il bere moderato allunga la vita. È nota del resto la positiva azione che il vino ha nei confronti dell'umore, carattere e temperamento delle popolazioni che da sempre consumano vino. Il vino, consumato in modo corretto, manifesta diversi **benefici effetti sulla salute** dell'uomo:

- riduce la capacità di aggregazione delle piastrine evitando le trombosi;
- favorisce l'azione gastrica della pepsina;
- attiva le secrezioni salivari e gastriche;
- l'acido malico e tartarico abbattono il tasso di azoto cioè l'azotemia nel sangue;
- l'alto contenuto di glicerina favorisce il passaggio della bile all'intestino (azione coleretica);
- le catechine contenute nel vino esercitano azione protettiva delle mucose gastrointestinali;

- l'elevato tenore in potassio svolge azione diuretica;
- i minerali contenuti (calcio, magnesio, ferro, rame, ecc.) contribuiscono a soddisfare il fabbisogno giornaliero;
- gli amminoacidi contenuti stimolano il ricambio delle proteine;
- i tannini riccamente presenti favoriscono la motilità intestinale;
- i tannini del vino inibiscono la formazione di nitroso-composti cancerogeni;
- le sostanze polifenoliche contenute (resveratrolo in particolare), svolgono azione preventiva contro l'arteriosclerosi e le malattie cardiovascolari;
- i proantocianidoli sono antiradicali liberi;
- i polifenoli del vino esercitano un'attività antimutagena;
- ha azione analgesica e sedativa;
- in dosi moderate non favorisce l'obesità.

Per favorire un consumo moderato di vino, è bene ricordare:

- è saggio non assumere più di 700 cc di vino al giorno;
- bere ai pasti non più di mezzo litro per l'uomo ed 1/3 di litro per la donna;
- non promuovere il consumo di vino in età scolare (in quanto il fegato non è in grado di operare con completezza la metabolizzazione dell'alcool);
- non bere mai a digiuno ma consumare il vino in dosi frazionate ed in coincidenza dei pasti;
- non bere il vino per dissetarsi;
- l'ingestione di alcool in dosi inferiori a 0,35 g/kg di peso al giorno non procura danno a prescindere dall'età;
- mediamente, da una bottiglia di vino da 0,750 ml si ottengono poco più di 500 calorie (l'alcool etilico libera 7 calorie per g).

Mentre un sano stile di vita si coniuga bene con il consumo moderato di vino, non è tuttavia da sottovalutare come negativo risulti il consumo in eccesso, esso può riservare conseguenze fortemente negative sulla salute dell'uomo. Infatti, l'**abuso** nel consumo di vino in particolare:

- colpisce l'apparato digerente (aumenta l'incidenza del cancro del cavo orale, provoca gastriti, alterazione della flora intestinale, pancreatiti, ecc.);
- aumenta il rischio di sviluppo di neoplasie;
- può causare la morte per cirrosi epatica.

Appendice

1. Le operazioni del cantiniere

Abbonimento. Operazioni di lavaggio e disinfezione dei contenitori vinari.
Acetificazione. Trasformazione di vino in aceto.
Acidificazione. Aggiunta di acidi a mosti e vini (aumento dell'acidità e diminuzione del pH).
Alcolizzazione. Aggiunta di alcool al mosto od al vino.
Arieggiamento. Ossigenazione dei vini per eliminare eccessi di solforosa o gusto di ridotto.
Arricchimento. Operazione di addizione di mosto rettificato.
Assemblaggio. Mescolanza di vini.
Avvinamento. Lavare il contenitore con una aliquota di vino.
Barricaggio. Invecchiamento dei vini in barrique (botticelle di legno).
Brillantatura. Filtrazione non spinta dei vini.
Campionatura. Prelievo del campione di vino per analisi da un contenitore.
Carbonicazione. Arricchimento di anidride carbonica.
Centrifugazione. Trattamento per illimpidire mosti e vini.
Cernita. Selezione delle uve.
Chiarificazione. Eliminazione di solidi e colloidi del vino con uso di chiarificanti.
Colmature. Aggiunta di vino a recipienti scolmi per sopperire al calo.
Concentrazione. Aumentare i componenti per eliminazione di acqua o altri costituenti.
Confezionamento. Preparazione del prodotto alla commercializzazione.
Conservazione. Fase di attesa prima della messa in vendita.
Deacidificazione. Eliminazione o neutralizzazione degli acidi presenti in mosti o vini.
Decantazione. Separazione di sostanze presenti in sospensioni.
Decolorazione. Riduzione della quantità di sostanza colorante.
Defecazione. Pulitura da solidi o colloidi in sospensione.

Degormet. Sboccamento delle fecce dopo fermentazione in bottiglia.
Degustazione. Analisi del vino per via organolettica.
Demetallizzazione. Trattamento per ridurre il contenuto in metalli.
Denaturazione. Alterazione dei colloidi e proteine in particolare.
Deodorazione. Processo per eliminare gli odori sgradevoli.
Detannizzazione. Addizione di sostanze capaci di ridurre il contenuto in tannini.
Detergere. Usare sostanze per l'igienizzazione.
Diraspatura. Separazione dei raspi dalle bacche dell'uva.
Disacidificazione. Trattamento con il quale si riduce l'acidità di mosti e vini.
Disinfettare. Distribuire prodotti per disinfettare contenitori, superfici, macchine, ecc..
Distillazione. Separazione con riscaldamento dei prodotti più volatili.
Fermentazione. Processo in cui i lieviti attaccano gli zuccheri trasformandoli in alcool.
Filtrazione. Operazione fisica per separare dal vino i solidi sospesi.
Follatura. Affondare nella massa in fermentazione la vinaccia spinta in superficie dall'anidride carbonica sviluppata.
Illimpidimento. Pratica atta a migliorare la limpidezza di mosti o vini.
Inoculazione. Arricchimento di una massa da fermentare con lieviti selezionati.
Intorbidamento. Alterazione di tipo diverso che ha prodotto la perdita della limpidezza.
Invecchiamento. Fase di preparazione dei vini per ottenere un miglioramento generale dei caratteri.
Lievitatura. Aggiunta di lieviti selezionati.
Macerazione. Fermentazione in cui è prevista la presenza di vinacce nella massa.
Mutizzazione. Blocco della fermentazione alcolica mediante aggiunta di alcool etilico.
Ossidazione. Fenomeno che produce reazioni e contatto dei componenti con l'ossigeno.
Pastorizzazione. Trattamento a caldo dei vini (75-80 °C) per la stabilizzazione.
Pigiatura. Operazione che rompe la buccia dell'uva per favorire l'uscita del mosto.
Precipitazione. Operazione con cui alcuni componenti del vino insolubilizzano e vanno al fondo del recipiente.
Refrigerazione. Trattamento fisico a freddo che favorisce la precipitazione di sali insolubili.
Rifermentazione. Riattivazione in un vino del processo fermentativo.
Rimontaggio. Rimescolamento del vino prelevato dal basso del contenitore.
Sboccatura. Eliminazione del deposito raccolto sul tappo dalle bottiglie di spumante.

Sfecciatura. Eliminazione del deposito sul fondo dei recipienti.
Sgrondatura. Operazione che mira all'estrazione del mosto dall'uva.
Solfitazione. Aggiunta al mosto o al vino di anidride solforosa o suoi sali.
Solforazione. Disinfezione di contenitori vinari effettuata bruciando zolfo al loro interno.
Stabilizzazione. Operazioni diverse che mirano a rendere il vino stabile nel tempo.
Svinatura. Separazione del vino nuovo dalle vinacce.
Taglio. Mescolanza di mosti e vini diversi.
Torchiatura. Pressatura delle vinacce.
Travaso. Trasferimento di vino da un contenitore all'altro e separazione delle fecce.
Uvaggio. Fermentazione di uve provenienti da più di un vitigno.
Vendemmia. Raccolta delle uve.
Vinificazione. Insieme delle fasi che partendo dall'uva conducono all'ottenimento del vino.
Zuccheraggio. Aggiunta di zucchero al mosto.

2. Piccolo dizionario enologico

Abbinamento. Arte del sommelier nell'armonizzare cibi e vini.
Abboccato. Avente gusto dolce.
Acerbo. Ancora giovane ed acidulo.
Acescente. Con inizio di acescenza (malato).
Acidulo. Lievemente acido, con caratteri di giovinezza.
Acre. Sgradevole per alta acidità fissa e sostanze tanniche.
Adulterato. Che ha subito trattamenti in contrasto con la norma.
Aggressivo. Poco gradevole al gusto, ricco in tannino o troppo acido.
Agliaceo. Con odore di aglio.
Alcolico. Contenente molto alcool.
Allappante. Ruvido al gusto, aspro.
Alterato. Che ha perso i caratteri del vino normale.
Amabile. Presenta gusto dolce.
Ambrato. Con colore giallognolo che ricorda quello dell'ambra.
Ampio. Ricco di doti.
Aristocratico. Vino fine ottenuto da nobile vitigno.
Armonico. Equilibrato nei componenti.
Aromatico. Con aromi tipici del vitigno di provenienza.
Aromatizzato. Contenente sostanze aromatiche.
Asciutto. Non presenta tracce di zucchero.
Aspro. Tannico, astringente, tipico dei vini giovani.
Astringente. Aspro, ruvido, ricco di tannini.

Austero. Vino rosso alcolico ricco di struttura.
Barricato. Invecchiato in barrique.
Brillante. Con alto grado di limpidezza.
Brut. Secco, privo di zuccheri.
Caldo. Quando si coglie la sensazione di prodotto ricco in alcool.
Caratteristico. Fornito dei caratteri di tipicità.
Classico. Prodotto secondo le tecniche tradizionali.
Corposo. Ricco di alcool e componenti non volatili, ricco di struttura.
Da taglio. Con composizione adeguata per il taglio.
Debole. Poco alcolico e povero al gusto.
Decrepito. Che ha oltrepassato la maturità.
Delicato. Armonico e dal profumo fine.
Disarmonico. Poco equilibrato nei componenti.
Disciplinare. Norme da seguire per produrre un determinato vino.
DOC. Denominazione di Origine Controllata.
DOCG. Denominazione di Origine Controllata e Garantita.
Dolce. Che presenta sensazioni dolci al gusto.
Duro. Ancora molto acido e tannico.
Effervescente. Svolge bollicine gassose.
Equilibrato. Con armonia nei componenti.
Erbaceo. Non maturo, acidulo.
Etereo. Ricco di profumi prodotti dall'invecchiamento.
Feccioso. Torbido, con odore di feccia.
Filante. Che versato fila (malato).
Floreale. Dotato di odori di fiori diversi.
Fresco. Giovane per i caratteri che manifesta.
Frizzante. Ricco di anidride carbonica.
Fruttato. Dal sapore di frutta, fresco.
Giovane. Fresco, non ancora maturo.
Gradevole. Armonico ed equilibrato nei componenti.
IGT. Indicazione Geografica Tipica.
Immaturo. Che deve maturare nei componenti.
Leggero. Poco alcolico, piacevole da bere.
Limpido. Dall'aspetto trasparente.
Liquoroso. Con alta alcolicità.
Maderizzato. Fortemente ossidato.
Marsalato. Poco gradevole, ossidato, al gusto ricorda il Marsala.
Maturo. Con gusto ed armonia adeguate.
Morbido. Non spigoloso al gusto, piacevole.
Neutro. Senza aromi né caratteri tipici del vitigno.
Opalescente. Appannato, con velature, non limpido.
Ossidato. Che a contatto con l'ossigeno ha perso freschezza.
Paglierino. Di un giallo tenue.
Passito. Prodotto a partire da uve passite.

Pastoso. Abbastanza morbido al gusto.
Piatto. Povero di acidità e sostanze tanniche, poco fresco e fine.
Profumato. Ricco di odori ed aromi piacevoli.
Pronta beva. Pronto per il consumo, giovane ma maturo.
Quieto. Privo di effervescenza.
Retrogusto. Con particolare gusto dopo l'assaggio.
Ridotto. Conservato per lungo tempo fuori dal contatto con l'aria.
Robusto. Ricco di alcool e componenti dell'estratto.
Rotondo. Pieno e morbido.
Ruvido. Spigoloso, tannico, poco armonico nei componenti.
Sapido. Buono e gradevole in bocca.
Secco. Privo di zuccheri.
Sofisticato. Aggiunto di sostanze non permesse.
Speziato. Alla degustazione rivela caratteri di spezie.
Spigoloso. Spesso rosso e giovane, poco maturo, disarmonico.
Spogliato. Impoverito di alcuni importanti costituenti.
Spunto. Pungente al gusto per alta acidità volatile.
Stagionato. Che ha raggiunto la maturità con il tempo.
Svanito. Appiattimento del profumo.
Tannico. Ricco di tannini.
Torbido. Privo dei caratteri della limpidezza.
Torchiato. Prodotto dalla pressatura delle vinacce.
Tranquillo. Non presenta sostanze gassose.
Vecchio. Che ha raggiunto il più alto grado di maturazione.
Velato. Non del tutto limpido per presenza di materiale in sospensione.
Vellutato. Rosso maturo, non secco né ricco di corpo.
Vigoroso. Ricco di alcool.
Vinoso. Con i caratteri della genuinità, di sapore sano.
Viscoso. Poco fluido.
Vivace. Giovane, aspro, fresco, anche frizzante.
Volpino. Ha i caratteri del vino ottenuto da uve americane o da ibridi produttori diretti.
VQPRD. Vino di Qualità Prodotto in Regione Determinata.
Vuoto. Che alla degustazione non manifesta qualità.

3. Uso dei prodotti di impiego enologico

Per il loro impiego e preparazione all'uso vanno rispettate le indicazioni riportate nel campione e l'operatore dovrà sempre rispettare quanto riportato sulla scheda tecnica che accompagna il prodotto.

Prodotto	Aspetto	Uso	Dosi	Modalità di impiego	Effetti secondari, precauzioni, origine, ecc.
ACIDO L-ASCORBICO O VIT. C (E 300)	Polvere bianca	Antiossidante	10-30 g/hl max 100 mg/l	Sciogliere in piccola quantità di vino ed aggiungere alla massa evitando il contatto con ossigeno	Si ossida facilmente a contatto con l'ossigeno ed in presenza di metalli, perdendo in tempi brevi la propria azione, motivo per il quale è bene associarlo all'anidride solforosa
ACIDO CITRICO (E 330)	Cristallino o polvere bianca	Correzione aumentativa dell'acidità	Max 100 g/hl	Prodotto solubile che si versa alla massa omogeneizzando	Attaccato da microrganismi può in parte essere trasformato e sottratto all'azione per cui le rese si riducono
ACIDO METATARTARICO	Cristalli o polvere bianca solubile in acqua	Stabilizzare l'acidità	5-10 g/hl	Si aggiunge come soluzione alla massa del vino limpido in movimento, eventualmente prima dell'ultima filtrazione. (Ricopre i germi di tartrato e ne impedisce la precipitazione)	Il prodotto con il tempo si trasforma in ac. tartarico. Per aumentare l'efficacia del prodotto, è bene aggiungere al trattamento, gomma arabica. Inibisce la precipitazione dei tartrati. Non va bene per vini ricchi in calcio
ACIDO TARTARICO (E 334)	Cristallino o polvere bianca	Correzione aumentativa dell'acidità	50-100 g/hl	Prodotto solubile che si versa omogeneizzandolo alla massa	Ogni 100 grammi aggiunti, in teoria, produce un aumento di 1 grado/hl di acidità. Tuttavia, con il calcio e potassio del vino tende a precipitare e quindi le rese tendono a diminuire
ALBUMINA	Polvere	Chiarificante per vini Elettronegativo	5-10 g/hl	Si prepara versando il prodotto lentamente in acqua agitando (rapporto 1:10) Aggiungere il tutto alla massa con dosatore	Il trattamento comporta una riduzione dei tannini e della sostanza colorante dei vini; spesso deve prevedere l'aggiunta di tannino
ANIDRIDE CARBONICA (E 290)	Gas	Coadiuvante		Fornito in bombole, va distribuito con appositi dosatori	Conferisce al vino il gusto di frizzante. Il vino trattato non deve superare i 2 g/l

Prodotto	Aspetto	Uso	Dosi	Modalità di impiego	Effetti secondari, precauzioni, origine, ecc.
ANIDRIDE SOLFOROSA (E 220)	Gas incolore	Antiossidante, antisettico, solubilizzante	5-300 g/hl	Presente come soluzione, gas in bombole o pastiglie, va aggiunto omogeneizzando alla massa o al momento dei travasi	È gas tossico e velenoso cui dobbiamo riservare prevenzione. Attenzione alle dosi in quanto vi sono limiti legali ed è difficile eliminarne l'eccesso aggiunto
AZOTO	Gas	Coadiuvante	50 mg/l	Gas inerte che si impiega in fase di conservazione	Organoletticamente amorfo
BENTONITE	Polvere bianca	Chiarificante Elettronegativo	20-30 g/hl	Mescolare energicamente la bentonite a vino od acqua lasciando poi riposare. La dispersione va versata alla superficie della massa da trattare	Prodotto di origine minerale che si presenta come polvere variamente attiva. Si usa spesso in associazione con la gelatina nei vini bianchi (100 g di bentonite + 5 g di gelatina). Manifesta discreto potere deproteinizzante
BIANCO D'UOVO	Gelatinoso	Chiarificante organico Elettropositivo	2-3 bianchi per hl	Si sbattono le chiare con un po' di sale formando una massa fioccosa che si scioglie con alcuni litri di vino e poi si aggiunge il tutto alla massa	Consigliabile nei rossi di grande qualità. Costituito da albumina e globulina, non altera i componenti organolettici dei vini. Va bene se nel vino sono presenti discrete quantità di tannini
BICARBONATO DI POTASSIO	Cristallino incolore	Deacidificante	132 g = – 1° di ac.tà	Va aggiunto alla massa favorendo il rimescolamento	Scambia il potassio con l'acido tartarico del vino formando tartrato neutro che precipita
BICARBONATO DI CALCIO	Polvere bianca finissima	Deacidificante	67 g = – 1° ac.tà	Va aggiunto alla massa favorendo il rimescolamento	Scambia il calcio formando tartrato che precipita
CARBONATO DI POTASSIO	Polvere bianca igroscopica	Deacidificante	66 g/hl – 1° ac.tà	Va aggiunto alla massa favorendo il rimescolamento	Scambia il potassio con l'acido tartarico del vino formando tartrato neutro che precipita

Prodotto	Aspetto	Uso	Dosi	Modalità di impiego	Effetti secondari, precauzioni, origine, ecc.
CARBONE	Polvere nera incolore ed insapore	Decolorante e deodorante dei mosti e vini bianchi	50-100 g/hl Max 100 g/hl	Disperdere il prodotto con piccole quantità di vino da trattare	Da usarsi su mosti e vini bianchi
CASEINATO di SODIO e POTASSIO	Amorfo bianco solubile in acqua	Chiarificante Elettropositivo	10-50 g/hl	Da sciogliere in piccole dosi in acqua (una parte ogni 15 di acqua) in modo lento agitando. Si addiziona alla massa da trattare in tempi brevi creando una giusta dispersione	A differenza del carbone non impoverisce il vino di componenti aromatici. Si ottengono buoni risultati impiegandolo insieme a bentonite. Elimina ferro e sostanze fenoliche sia in mosti che in vini
CLORURO DI LITIO	Cristallino	Denaturante di mosti e vini	10 g/hl	Disciogliere omogeneizzandolo alla massa, anche in rimontaggio	Serve per denaturare i prodotti enologici da avviare alla distillazione
ENZIMI PECTOLITICI		Operano la degradazione delle pectine.		Addizionarli dopo la pigiatura o lo sgrondo, omogeneizzando opportunamente	Migliorano lo sfecciamento
FARINA FOSSILE	Polvere bianca o giallina	Materiale coadiuvante la filtrazione (insolubile in acidi)		Il materiale va incorporato al vino da filtrare e rimescolato per passare sopra un diaframma ove si deposita formando uno strato filtrante	Inerte polverulento, proveniente da sedimenti fossili trattati per arrostimento (attivazione)
FERROCIANURO DI POTASSIO	Polvere giallo citrina solubile in acqua ed insolubile in acidi	Chiarificante minerale utile per eliminare ferro e rame dal vino	5-10 g/hl	Dopo prove di dosaggio in laboratorio il ferrocianuro sciolto in acqua fredda per evitare la decomposizione, si aggiunge in tempi brevi alla massa in rimontaggio unitamente a tannino e, dopo 30' a gelatina (2 g/hl) sciolta in acqua tiepida	Il trattamento per la delicatezza dell'intervento, è consentito a personale avente titolo con esposizione di cartello "CD" (corso demetallizzazione), indicazione sui registri di cantina e denuncia del trattamento. Un suo eccesso nel vino può liberare acido cianidrico che è un potentissimo veleno

Prodotto	Aspetto	Uso	Dosi	Modalità di impiego	Effetti secondari, precauzioni, origine, ecc.
FOSFATO DI AMMONIO	Polvere biancastra	Nutrimento per i lieviti	0,3 g/l	Si addiziona ai mosti in fermentazione omogeneizzandolo alla massa	Utile per arricchire di nutrimento (azoto a fosforo in particolare) il substrato in fermentazione
GELATINA	Lamine colorate	Chiarificante dei vini rossi e bianchi provvisti di tannino Elettropositiva	5-20 g/hl	Si rigonfia il prodotto sciogliendolo in acqua calda e vino posti in agitazione. Poi va aggiunto subito alla massa con dosatore. Aggiungere anche tannino, se il vino risulta povero Le gelatine liquide del commercio si utilizzano tal quali mentre quelle solubili si diluiscono nei rapporti 1:10, 1:20	Si impiegano prodotti solidi o soluzioni che vanno immessi al momento del travaso evitando arieggiamento e lasciando a riposo per 5-7 giorni. È meglio non usare altri prodotti insieme alle gelatine. Il prodotto commerciale si ricava dalla cartilagine delle ossa
GOMMA ARABICA (E 414)	In pezzi giallastri o soluzione paglierina al 20%	Colloide protettore	Max 30 g/hl	Le soluzioni in commercio vanno aggiunte alla massa operando una buona dispersione Gomma solubile. Impedisce la formazione di agglomerati colloidali instabili e quindi gli intorbidamenti	Unita ad ac. metatartarico impedisce la flocculazione dei colloidi e le precipitazioni tartariche (il vino trattato risulta più morbido e vellutato). Stabilizza eventuali intorbidamenti in atto e questo può costituire un inconveniente
ISOSOLFOCIANATO di ALLILE	Soluzione o in supporti diversi	Gas inerte		Usato nelle camere di aria delle botti o delle damigiane, preservano per tempi brevi il vino dal contatto con l'ossigeno	La soluzione è spesso commercializzata in supporto di paraffina (dischi Flor-stop). Ostacola la moltiplicazione di diversi batteri
ITTIOCOLLA	In fogli di colore biancastro	Chiarificante Elettropositiva	1-3 g/hl	Si usa dopo rigonfiamento con acqua calda acidulata versando poi lentamente nella massa da trattare	Il procedimento è lento ma fornisce ottimi risultati per limpidezza. Consigliato per prodotti delicati e poco tannici. Si ricava dalla vescica natatoria dei pesci

Prodotto	Aspetto	Uso	Dosi	Modalità di impiego	Effetti secondari, precauzioni, origine, ecc.
LIEVITI	Polvere	Conducono la fermentazione avvalendosi di un corredo enzimatico specifico	10-25 g/hl di LSA	Si prepara un piede di fermentazione su mosto fresco e pulito addizionato di LSA a 23-25 °C. Si agita, si lascia per 24-36 ore e successivamente si distribuisce nelle masse da fermentare	Si trovano in commercio in forma liquida, in agar, liofilizzati o come secchi attivi (LSA)
METABISOLFITO (Pirosolfito di potassio) E 224	Polvere cristallina bianca	Antiossidante, antisettico, solubilizzante le sost. coloranti	10-300 g/hl	Si aggiunge il sale solubile cercando di omogeneizzarlo alla massa	Aggiunto a mosti e vini, sviluppa anidride solforosa per circa il 50%.
P.V.P.P. Polivinilpirrolidone	Polvere bianca	Usato nella filtrazione. Agisce da riducente e stabilizzante delle sostanze polifenoliche	25-80 g/hl (Max 80 g/hl)	Mezzora prima del trattamento, si prepara una sospensione (1:10) con acqua e si aggiunge alla massa del vino in movimento per un tempo di 30-50'	Manifesta una struttura a rete ed asorbe selettivamente i polifenoli. Per ridurre le dosi è spesso consigliata una detannizzazione. Il trattamento risulta abbastanza costoso
PERLITE		Coadiuvante la filtrazione		Si aggiunge al vino in movimento per la formazione del pannello di filtrazione	Roccia vulcanica rigonfiata e macinata, non porosa, spesso da aggiungere a farina fossile
SANGUE	Polvere	Chiarificante	10-20 g/hl	Stemperare in acqua, sbattere ed aggiungere al vino in fase di rimontaggio	Manifesta azione decolorante e detannizzante
SILICE	Sospensione incolore ed inodore	Migliora la limpidezza riducendo le sostanze fenoliche favorendo la precipitazione	20-60 g/hl	Aggiungere direttamente il prodotto alla massa da trattare in fase prefermentativa	È una soluzione acquosa di biossido di silicio. Si usa insieme alla gelatina con la quale forma complessi di flocculazione. È frequente l'impiego anche in fase pre-fermentativa. Elettronegativo

Prodotto	Aspetto	Uso	Dosi	Modalità di impiego	Effetti secondari, precauzioni, origine, ecc.
SOLFATO DI RAME	Sale solubile	Per eliminare difetti di gusto e di odore	Max 1 g/hl	Si scioglie il prodotto omogeneizzandolo alla massa da trattare	Il trattamento è permesso a condizione che nel vino trattato il contenuto finale in rame non superi 1 mg/l
AC. SORBICO e SORBATO DI POTASSIO (E 202)		Fungistatico (impedisce lo sviluppo di lieviti indesiderati)	10 g/hl max 200 mg/l	Si aggiunge il prodotto commerciale prima dell'imbottigliamento alla massa, omogeneizzando	Attivo soprattutto quando il vino è piuttosto acido e con alta alcolicità. Blocca la fermentazione malolattica (134 g di sorbato=100 g di ac. sorbico)
TANNINO	Polvere giallognola	Da addizionare ai vini poveri in tannino. Elettronegativo	5-10 g/hl	Si addiziona ai vini direttamente o durante la chiarifica insieme ad alcuni chiarificanti come gelatine o ittiocolla	Previene gli odori da solfuri, complessa i metalli precipita le proteine nei vini giovani
TARTRATO NEUTRO DI POTASSIO	Polvere bianca	Deacidificante	g 156 = – 1° ac.tà	Va aggiunto alla massa favorendo il rimescolamento	Scambia il potassio con l'ac. tartarico del vino formando tartrato neutro che precipita
TIAMINA CLORIDRATO (Vit. B1)	Polvere bianca di sapore amaro	Nutrimento per i lieviti	60 mg/hl	L'aggiunta va fatta alla massa nella fase coincidente con l'inizio della fermentazione	Per sopperire alle carenze vitaminiche dei mosti
ZOLFO	Giallo	Antisettico		Impiegato per la solfitazione delle botti, si brucia all'incirca 1 g di discoidi per hl di capienza tappando poi il contenitore	Un grammo di zolfo alla combustione libera circa due grammi di anidride solforosa. È opportuno verificare sempre la ventilazione del locale

Bibliografia

AA. VV. *Trattato di scienza enologica*, Demetra

Adduci, *Conservare, servire, degustare il vino*

A.E.I. *Corso di aggiornamento* A.P. 22.05.'99

Alliata, *Recenti contributi allo studio del collaggio dei vini rossi*, Vignevini 3/'97

Amati, *L'utilizzazione del freddo nel corso della macerazione e della fermentazione*, Indust. Bev. 607-614 '85

Becchetti, *Metodi di analisi dei vini*

Berta, *Il laboratorio e il degustatore*, Vignevini 10/'98

Berta, *Cos'è la qualità del vino?* Vignevini 7-8,'97

Bovaresco, *Concimazione vite, il rischio degli eccessi*, Il Corriere Vinicolo 7/'99

Bullettin de l'O.I.V. 801-802 '97

Bullettin de l'O.I.V. 767-768 '95

Calandra, *Studio geopedologico delle Marche '78*

Cantarelli, *Industrie Agrarie*, Ed. Agricole

Cappelli, Vannucchi, *Chimica degli alimenti*, Zanichelli

Castelli, *Il vino al microscopio*, Scialpi editore

Castelli, *Lieviti e fermentazioni in enologia*, Scialpi 1960

Castino, *Lo sfecciamento dei mosti*, L'Enotecnico 347/'84

Castino e Ubigli, *La defecazione dei mosti nella vinificazione in bianco*, Vignevini 6/'80

Codice della vite e del vino 1999

Codice Internazionale delle pratiche enologiche, O.I.V.

Colugnati e Crespan, *Le strategie del vigneto 2000 in funzione della qualità*, Vignevini 6/'97

Convegno Eurovite Gorizia '92

Convegno Monselice '97, *Dal suolo al vino.*

Convegno S. Michele all'Adige 15.12.'98

Curtis Ellison, *Moderato consumo di vino e salute*, Vinitaly Verona (1995)

Dal Cin, *Elaborazione e stabilizzazione dei vini*

David, *Vino e igiene alimentare*, Vignevini 9/'95

DE VITA, *Corso di meccanica enologica*, Hoepli
DELFINI, *Scienza e tecnica di microbiologia enologica*, Ed. Il lievito, Asti 1995
DI STEFANO, *Natura degli aromi di moscato*, Cerere 1/'88
DI STEFANO ED A., *Terpeni e antociani in alcune uve rosse aromatiche*, Riv. Vit. En. 10/'84
DI STEFANO, CRAVERO, GENTILINI, *Metodo per lo studio dei polifenoli dei vini*, L'Enotecnico 1989
EMILI, *Anidride solforosa, un additivo sempre di moda*, Vignevini 4/'95
EYNARD, DALMASSO, *Viticoltura moderna*, Hoepli
FAVAREL, *L'acidité du mout au vin*, Terra e Vita 35/'99
FELICIONI, DE SOLIS, MASSIMI, *Indagine biennale sullo stato nutritivo dei vigneti del Piceno* '87
FLORI, *I residui di fitofarmaci nei vini*, Vignevini 7/8 '90
FREGONI, *Nutrizione e fertilizzazione della vite*, Edagricole
FREGONI, *Viticoltura generale*, REDA 1985
GAROGLIO, *Enciclopedia vitivinicola mondiale*
Gazzetta Uff. Rep. Italiana 14.07.'86
GIACOMINI, *La stabilizzazione dei vini*, AEB
Il Corriere vinicolo n. 17 '95
Il Corriere vinicolo n. 37 '99
Il Corriere vinicolo n. 32/33 2001
Il Corriere vinicolo n. 35 2001
Il Sole 24 Ore n. 254 '99
Industria delle bevande, dicembre '97
Industria delle bevande, dicembre 2001
LAMATTI, *Dialoghi sul vino e sulla salute*, Monferrato 1998
LAMUELA ED AA., *Occurrence of Resveratrol in selected California Wines by a new H-PLC Method*, L'Informatore agrario 35/99
J.A.F.C. 1993
Le Paysan francais-9/'98
Le Vigneron Champenois-Guide viticole 1997
L'Enologo n. 10 ottobre 2000
L'Informatore Agrario 13/2001 pag. 114
L'Informatore Agrario 34/2001
MANFREDINI, *Coadiuvanti enologici: bentonite*, Vignevini 4/'89
MANNINI, *Nuovi orientamenti sulla selezione clonale e sanitaria*, Vignevini 12/'94
MARESCALCHI, *Manuale dell'enologo*
MENETRIEUX ED A., *Le* SO_2*, un produit toxique?*, Revue de Oenologie n. 89/'98
Metodi Ufficiali di Analisi per i mosti, i vini e gli aceti Min. Agr. Foreste-Roma
MORETTI, *Vitigni e cloni d'Italia*, Vignevini 12/'98
MORETTI, SEGHETTI, *Rispondenza viticolo-enologica di vitigni autoctoni inclusi nel vino DOC Falerio dei Colli Ascolani*, ESAM Marche 67-80/1994
MUROLO, *Agricoltura, industrie agrarie, biotecnologie*, Cerere '88

oenologuesdefrance. fr
PALLOTTA, *Il valore biologico e nutrizione del vino*, Numana 1987
PALLOTTA, *Lezioni di enologia*, Clueb
PARONETTO, *Biotecnologie avanzate in Enologia*, Offida 1996
PASTENA, *Trattato di viticoltura italiana*, Edagricole 1990
PEYNADE, *Enologia e tecnica del vino*, AEB 1976
Progrès Agricole et Viticole, 1999, 116, n. 3
PUISAIS-CHABANON, *Degustazione dei vini*, Edagricole
Rassegna di Viticoltura n. 19/'98
Revue Francaise d'Oenologie, Janvier/Février, n. 192/2002.
ROTINI, *Malattie e difetti del vino*, REDA
SABELLICO A., *Note pratiche di legislazione vinicola*, V Edizione A.E.E.I.
SICHERI, *Esercitazioni di laboratorio chimico agrario*, Hoepli
SPIGNO-DE FAVERI, *Aspetti tecnico-economici dei vinificatori*, Industria delle bevande settembre 1999
Supp. Terra e Vita n. 11/'98 Vignevini, 6/'99
Terra e Vita n. 35/'99
TESTO UNICO, Metodi ufficiali di Analisi CE 1997
UBIGLI, *I profili del vino*, Edagricole
USSEGLIO TOMASSET, *Chimica enologica*, Demetra
USSEGLIO-TOMASSET, *Elaborazione sperimentale di vini leggeri*, L'Enotecnico 3/'86
USTIK, *Aspetti tossicologici e problemi correlati all'abuso di prodotti alcolici*, Eurovite '92
VALLI R., *Arboricoltura generale e speciale*, Edagricole 1996
VENTURI, *Vini frizzanti: evoluzione delle tecniche colturali per produrre uve di qualità*, L'enotecnico 9/'94
VERCESI, *Zone e vitigni dello spumante in Italia*, Vignevini 2/'95
Vignevini n. 9/'97
Vignevini n. 10/2001
Vino: Viaggio tra i bianchi italiani, Sole 24 Ore 17/12/'98
VITAGLIANO, *Sopra alcuni fattori che condizionano i vini di pregio bianchi meridionali*, Cerere '88
VITULLO ED ALTRI, *Dieta mediterranea e malattie cardiovascolari*, Mario Negri Sud (Chieti) 1994
VIVAS ED ALTRI, *Maturité phénolique: dèfinition et controle* Rev. Fr. Oenologie n. 173/'98
WATERHOUSE, *Wine and heart disease U.C. Davis '97*, L'Enotecnico 11/'97
Wine on Line Italia '97
ZACCONE, *Le acquaviti di vino e di vinaccia*, Vignevini 9/'97
ZAMBONELLI, *Microbiologia e biotecnologia dei vini*, Edagricole 1998
ZAMBONI, *Maturazione dell'uva e previsione dell'epoca di vendemmia*, L'Informatore Agrario 30/'96
ZAMBONI, *Modelli di previsione dell'epoca di vendemmia*, Vignevini 10/'90